崇义县君子谷
百种水土保持植物
图　　谱

江西省水土保持科学研究院
江西省土壤侵蚀与防治重点实验室
崇义县水利局　编著
崇义县水土保持局
江西君子谷野生水果世界有限公司

中国水利水电出版社
www.waterpub.com.cn
·北京·

内 容 提 要

本书介绍了在我国南方红壤区具有地域典型代表性的崇义县君子谷内常见的水土保持植物。本书按照植物种类分为乔木、灌木、藤木、草本四个部分，详细介绍了植物的形态特征、分布与习性、水土保持功能、资源利用价值等内容。为便于读者识别，每种植物附有主要特征识别图片，为读者从事水土保持植物以及林草措施领域的理论学习、科学研究和规划设计奠定基础。

本书可供水土保持、园林与景观等相关专业人员参考，也可供植物爱好者参考阅读。

图书在版编目（CIP）数据

崇义县君子谷百种水土保持植物图谱 / 江西省水土保持科学研究院等编著. -- 北京 : 中国水利水电出版社，2019.7
ISBN 978-7-5170-7675-9

Ⅰ．①崇… Ⅱ．①江… Ⅲ．①水土保持－植物－崇义县－图集 Ⅳ．①S157.4-64

中国版本图书馆CIP数据核字(2019)第090224号

书 名	崇义县君子谷百种水土保持植物图谱 CHONGYI XIAN JUNZIGU BAIZHONG SHUITU BAOCHI ZHIWU TUPU	
作 者	江 西 省 水 土 保 持 科 学 研 究 院 江西省土壤侵蚀与防治重点实验室 崇 义 县 水 利 局 编著 崇 义 县 水 土 保 持 局 江西君子谷野生水果世界有限公司	
出版发行	中国水利水电出版社 （北京市海淀区玉渊潭南路 1 号 D 座　100038） 网址：www. waterpub. com. cn E-mail：sales@waterpub. com. cn 电话：(010) 68367658（营销中心）	
经 售	北京科水图书销售中心（零售） 电话：(010) 88383994、63202643、68545874 全国各地新华书店和相关出版物销售网点	
排 版	中国水利水电出版社微机排版中心	
印 刷	北京博图彩色印刷有限公司	
规 格	170mm×240mm　16 开本　8 印张　150 千字　8 插页	
版 次	2019 年 7 月第 1 版　2019 年 7 月第 1 次印刷	
印 数	0001—1500 册	
定 价	**88.00 元**	

凡购买我社图书，如有缺页、倒页、脱页的，本社营销中心负责调换

刺葡萄

白玉

马尾伸筋

拐枣

卫茅

山苍子

毛冬瓜

吊茄子

水碳子

十大功劳

石榴

黄棠梨

酸枣

老鼠屎

野荔枝

鸟蒙沙

富贵子

棠梨子

紫珠

菟丝子果

盐霜白

多花山竹子

女贞

狐狸桃

乌饭子　硬饭抖　狐狸桃　猫卵子

圆锥　茶耳　猪屎拿　黄栀子

猪屎柑　油柿子　火棘　黑老虎

夏叶葡萄　蛇泡　猴柿子　香藤包

钮扣柿　金樱子　九龙泡　当吊

铁篱笆　三月泡　杨梅　酒饭团

君子谷局部航拍风景

君子谷野果保护区及野果种质资源圃

崇义县水土保持生态示范园 1

崇义县水土保持生态示范园 2

野果隧道

君子谷野生刺葡萄选优品系生态种植园

君子谷野果资源圃和野果保护区一角

本书编委会

主　编：葛佩琳

副主编：谢颂华　英爱社

编　委：张利超　房焕英　段　剑
　　　　喻荣岗　陈红玲　卢鑫平
　　　　罗文波　刘禹枫　李世华

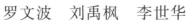

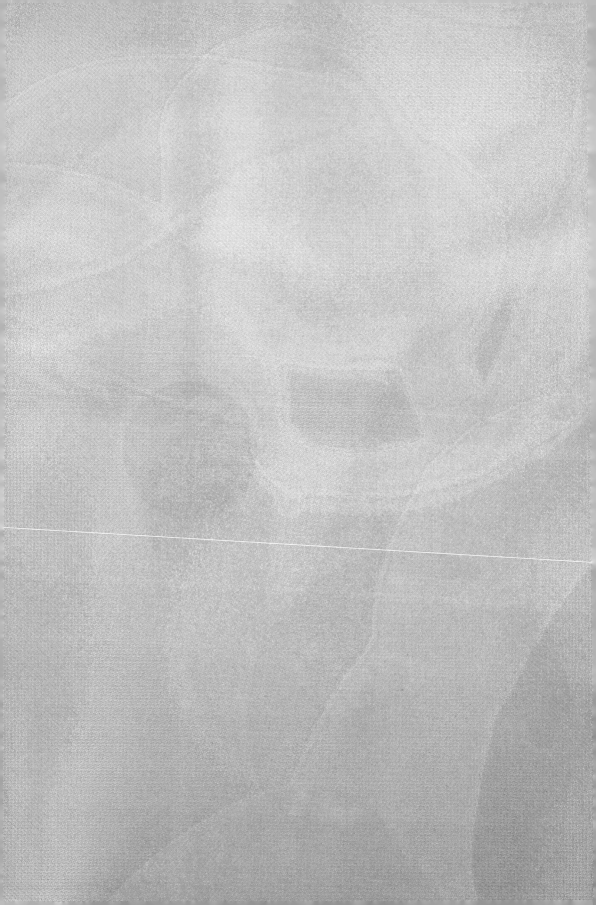

一抹乡愁"君子谷"

（代序）

让我时时魂牵梦绕的家乡，是一个风景秀美的小山城。多少次趟过记忆的长河，多少回穿越时空的隧道，跋山涉水，梦见那温柔的桑梓和挚爱的亲人。

回乡省亲，偏喜欢到野外溜达几圈。小溪流水潺潺，野花芳香扑鼻，小村庄午睡般安详，每每这时，思忆的光透进心窗，丝丝温暖洒向心底儿时的那张床。犹记，那个年代物质是匮乏的，但精神却是充裕的。孩童的世界最为简单，白天漫山遍野地奔跑，嬉戏玩耍，采摘野果，便是最美好的印记。

多年过去，时代更迭，世事变幻，对儿时却充满了更多的眷恋。望不见的家乡，看得见的乡愁，能为你做点什么呢？

一次偶然，到了一处"家园"，牵起数不尽的思念！只见，路边不起眼的入口，一条幽深的小路指引向前，两旁是高耸的山丘，静寂到能听清心跳的节拍，来到尽头便是眼前一阔，好似世外桃源奇遇记一般！有高耸的乔木，有低矮的灌木，有匍匐的花草，脚下、路边、漫山遍野！一木一草一花争相入眼帘，内心遂起波澜，尤其行走在野生水果园区小道，听着工作人员如数家珍般的讲解，"这是野金柑、毛冬瓜、猫卵子、棠梨子、狐狸桃、吊茄子、螃蟹眼、野柿子……"，我有种儿时再现的恍然！

这里便是声名鹊起的"君子谷"，汇集了南方亚热带地区几乎所有的野果品种，也成为了我国唯一的原生态野生水果种质资源库。从解说员的口中还了解到，君子谷承载着掌舵者对儿时的痴恋，因为世间瞬息万变，只是为了留住童年的果香和回味。这些珍稀的野果资源或是管理者踏山涉水寻找到，抑或村民慷慨赠送，渐渐聚集成了今日的物华天宝。每一株植物都是这里的主人，有着自己的标签，有着自己的领地，见证过历史及今朝。在我看来，"夫君子之行，静以修身，俭以养德，非淡泊无以明志，非宁静无以致远。"或许可以归纳为掌舵者打造君子谷的一种态度和追求。

这是我第一次见到君子谷，着实震撼，更为其位于家乡赣州市崇义县为荣为傲！由于相似的美好童年，颇能感受谷中散发的一种情结，好想用笔墨生出这片静好岁月，偌大的山谷，一时无从下手去勾勒出其曼妙神韵，念想只能暂收心间。前后三次来到君子谷，每一次都有惊喜和收获，当然也有不可实现心愿的小遗憾。或许由于心念太久的感动和巧合，我于2017年年底调任江西省水土保持科学研究院，本单位是致力于水土保持研究和生态保护服务的科研机构，有一支强大的科研团队，于是我请部分科研人员到君子谷挖掘和梳理园中植物，编辑了这本《崇义县君子谷百种水土保持植物图谱》。该图谱既可作为业内人士的参考资料，也可作为社会公众的科普读物，让更多人领略赣南植物的独特丰采，我且认为是件非常有意义的事情。

捧起《崇义县君子谷百种水土保持植物图谱》，有花儿沁人心脾，有果儿让人垂涎欲滴，不觉间，天蓝蓝、水清清、地绿绿呈现眼前，沐浴春风、花香飘溢，荡漾其间！君子谷恰如其名：风度儒雅，为仁行义。世人赏析其掠影、感受其乡愁之余，更发现其多重的使命：不仅植物兼具治病之良效，更可成为水土流失治理的一片福地；作为水土保持工作者的宠儿，既有示范推广的意义，亦是科研活动、科普常识的窗口，为赣南、江西的生态建设贴上贡献者的标签。

千言万语道不尽深深的怀恋，世纪相隔的过往与今朝，君子谷搭起了一座桥梁，望世人都能由此找寻遗失的美好。距离虽远，但相遇即是缘，不管世俗多么喧嚣，这里始终凭着一股坚韧和执着，在继续演绎着一个野果飘香的生态传奇。

江西省水土保持科学研究院院长、党委副书记

崇义县君子谷水土保持科技示范园位于上犹江流域（上犹江为赣江一级支流章江的下游左岸支流），江西省南岭山地省级水土流失重点预防区，赣州市崇义县城西郊麟潭乡、过埠镇境内，山地植被繁茂，土壤疏松，富含有机质和磷、钾等矿物营养元素，自然肥力高。根据《江西省水土保持规划（2016—2030年)》与《江西省水土保持区划及防治布局研究》成果，园区地处南方红壤区-南岭山地丘陵区-南岭山地水源涵养保土区，土壤侵蚀类型以水力侵蚀为主，侵蚀方式为面蚀、沟蚀兼有；水土保持的主导基础功能为水源涵养、土壤保持，水土保持的社会经济功能主要包括生物多样性保护、自然景观保护、河源区保护、水源地保护、土地生产力保护等。

君子谷水土保持科技示范园有着"亚热带野果世界"的美誉，由野果保护区、野果种质资源圃、野生刺葡萄选优品系生态种植园、野果酒庄、国际会议中心、森林公园等组成。君子谷收集和保护了我国南方多种野果种质资源，努力构建一个野果种质资源库。二十多年来，君子谷经历了从创建野果保护区，到建设野果选优品系生态种植园，再到农产品精深加工的科学发展历程，成为一个生态优美、人与自然和谐共处、三产融合发展的新典范。

在生态文明建设的新时代要求下，君子谷水土保持科技示范园采用了一系列行之有效的水土保持措施，不但有效控制了水土流失，还成为一处室外的水保知识科普学堂。水土保持植物是造林的先锋，它们对改良土壤结构、维持土壤肥力、涵养水源起到重要的作用。在科技园内丰富的山体植被群落中，就蕴含有多种优良水土保持植物，它们根深叶茂、耐干旱或水湿、耐瘠薄、生长迅速，能很快郁闭覆盖地表、固土保肥、保护地表免遭径流侵蚀。

本图谱重点介绍科技园内主游览路线上分布的水土保持植物种类，分为乔木、灌木、藤木、草本四个部分，详细介绍植物的形态特征、分布与习性、水土保持功能、资源利用价值等内容。

感谢江西君子谷野生水果世界有限公司为本图谱提供所有图片。在野外植物的鉴定和识别方面，感谢赣南师范大学刘仁林教授的大力支持。特别感谢刘仁林教授及南昌工程学院李凤教授在本图谱编写过程中提出的宝贵意见。

限于编者的知识水平和实践经验，加之时间仓促，书中的缺点、遗漏甚至谬误在所难免，热切希望各位读者提出宝贵意见。

葛佩琳

2018 年 10 月

目录

一抹乡愁"君子谷"（代序）
前言

乔 木 篇

灌　木　篇

藤 木 篇

草 本 篇

乔木篇

银杏

Ginkgo biloba L.

【科属名称】银杏科 银杏属

【形态特征】乔木，高
达 40 米，胸径可达 4 米；
幼树树皮浅纵裂，大树树皮
呈灰褐色，深纵裂，粗糙；
幼年及壮年树冠圆锥形，老
则广卵形；枝近轮生，斜上
伸展（雌株的大枝常较雄株
开展）。叶扇形，有长柄，
淡绿色，秋季落叶前变为黄
色。种子具长梗，下垂，常
为椭圆形、长倒卵形、卵圆
形或近圆球形，种子 9—10 月成熟。

【分布与习性】银杏为中生代子遗的稀有树种，系我国特产，仅浙江天
目山有野生状态的树木，生于海拔 500～1000 米、酸性（pH 值为 5～5.5）
黄壤、排水良好地带的天然林中，常与柳杉、榧树、蓝果树等针阔叶树种
混生，生长旺盛。银杏的栽培区甚广：北自沈阳，南达广州，东起华东海
拔 40～1000 米地带，西南至贵州、云南西部（腾冲）海拔 2000 米以下地
带均有栽培，以生产种子为目的，或做园林树种。银杏为喜光树种，深根
性，对气候、土壤的适应性较强，能在高温多雨及雨量稀少、冬季寒冷的
地区生长；能生于酸性土壤、石灰性土壤及中性土壤上，但不耐盐碱土及
过湿的土壤。

【水土保持功能】银杏对气候和土壤适应性较强。抗烟尘、火灾和有毒
气体。银杏有涵养水源、保持水土的功效，是农田防护林、护路林、护村林
及四旁绿化的理想树种和优良的水土保持经济林树种。

【资源利用价值】银杏树形优美，叶色春夏季嫩绿，秋季变成黄色，颇
为美观，是优良的庭园树、行道树和风景树。同时也是珍贵的用材树种，质
轻软，富弹性，易加工，有光泽，为优良木材。种子可供食用（多食易中
毒）及药用。

杉木

Cunninghamia lanceolata（Lamb.）Hook.

【科属名称】杉科 杉木属

【形态特征】高 30 米，胸径 2.5～3 米；大树树冠圆锥形；树皮灰褐色，长条片状剥落。大枝平展，小枝近轮生；叶披针形，长 2～6 厘米，宽 3～5 毫米。具球果，苞鳞棕黄色，三角状卵形；种子扁平具翅。花期 4 月，球果 10 月成熟。

【分布与习性】产于淮河、秦岭以南，东起沿海，西至四川大渡河流域，南至广东、广西中部，西至云南东南部和中部，多为人工林，栽培历史悠久。幼苗需庇荫，大树喜光、喜温、喜湿润，以土层深厚肥沃、疏松湿润的酸性土壤为好。

【水土保持功能及应用】侧根和须根发达，再生力强，具有一定的水土保持功能，是中亚热带山区的荒山绿化常用树种，多与马尾松混交，为我国长江流域、秦岭以南地区栽培最广、生长快、经济价值高的用材树种。

深山含笑

Michelia maudiae Dunn ，又名光叶白兰

【科属名称】木兰科 含笑属

【形态特征】乔木，高达 20 米，叶革质，长圆状椭圆形，上面深绿色，有光泽，下面灰绿色，被白粉，叶柄长 1～3 厘米无托叶痕。花芳香，花被片 9 片，纯白色，基部稍呈淡红色，花丝淡紫色，蓇葖聚合果长 7～15 厘米，种子红色；花期 2—3 月，果期 9—10 月。

【分布与习性】在江西省马头山、龙虎山、赣江源、九岭山等全省各山区分布，生于海拔 600～1500 米的密林中。喜温暖、湿润环境，有一定的耐寒能力。喜光，幼时较耐荫，喜土层深厚、疏松、肥沃而湿润的酸性砂质土。

【水土保持功能及应用】自然更新能力强，生长快，根系发达，萌芽力强，适应性广，具有一定的水土保持作用；抗干热，对二氧化硫的抗性较强；叶鲜绿，花纯白艳丽，为庭园观赏树种和四旁绿化优良树种。

天竺桂

Cinnamomum japonicum Sieb.，又名竺香、山玉桂

【科属名称】樟科 樟属

【形态特征】常绿乔木，高 10～15 米，叶近对生或在枝条上部者互生，革质，上面绿色，光亮，下面灰绿色离基三出脉；果长圆形，长 7 毫米，花期 4—5 月，果期 7—9 月。

【分布与习性】产于江苏、浙江、安徽、江西、福建、台湾。生于低山或近海的常绿阔叶林中，海拔 300～1000 米。喜温暖湿润气候，在排水良好的微酸性土壤上生长最好，中性土壤亦能适应。

【水土保持功能】天竺桂有长势强、树冠扩展快、树姿优美、抗污染、观赏价值高及病虫害少等特点，常被用作行道树或庭园树种栽培。同时，也用作造林栽培，对二氧化硫抗性强。

【资源利用价值】枝叶及树皮可提取芳香油，供制各种香精及香料的原料。果核含脂肪，供制肥皂及润滑油。木材坚硬而耐久，耐水湿，可供建筑、造船、桥梁、车辆及家具等用。根、树皮、枝叶可入药。

杜梨

Pyrus betulifolia **Bunge**，又名棠梨、海棠梨、野梨子

【科属名称】蔷薇科 梨属

【形态特征】落叶乔木，株高 10 米，枝具刺，叶片菱状卵形至长圆卵形，幼叶上下两面均密被灰白色绒毛；叶柄被灰白色绒毛；托叶早落。伞形总状花序，有花 10～15 朵，花瓣白色，雄蕊花药紫色。果实近球形，褐色，有淡色斑点；花期 4 月，果期 8—9 月。

【分布与习性】产于华北、西北、东北和华中地区。生于平原或山坡阳处，海拔 50～1800 米。抗干旱，适生性强，喜光，耐寒，耐旱，耐涝，耐瘠薄，在中性土及盐碱土均能正常生长。

【水土保持功能】能适应不同类型水土保持林的特殊环境，为干旱、瘠薄区防护林和荒沙造林的优良水土保持树种。

【资源利用价值】冠大荫浓，春季白花点点，秋日果实累累，为夏季理想的遮阴树种。杜梨木可供雕刻，树皮可提制栲胶及黄色染料，果实可食用、酿酒，为应用最广的梨砧木。杜梨果实可入药，称棠梨。

枇杷

Eriobotrya japonica（Thunb.）Lindl.

【科属名称】蔷薇科 枇杷属

【形态特征】常绿小乔木，高可达 10 米，叶子大而长，厚而有茸毛，呈长椭圆形，状如琵琶。在秋天或初冬开花，果子在春天至初夏成熟，花为白色或淡黄色，直径约 2 厘米，以 5～10 朵成一束，可以作为蜜源树种。

【分布与习性】产于甘肃南部、秦岭以南，西至川、滇。稍耐荫，喜温暖湿润气候，稍耐寒，宜于肥厚的石灰性或酸性土。

【水土保持功能及应用】南方常见的水土保持经济树种，人工栽培为主，作为经济果树来种植，果味甘酸，供生食、蜜饯和酿酒用；叶晒干去毛，可供药用，有化痰止咳之效，同时也是美丽的观赏树木。

枫香

Liquidambar formosana Hance

【科属名称】金缕梅科 枫香树属

【形态特征】落叶乔木，高达 30 米。叶薄革质，阔卵形，掌状 3 裂，掌状脉 3～5 条，在上下两面均显著，网脉明显可见；边缘有锯齿。头状果序圆球形，木质，直径 3～4 厘米。种子褐色，多角形或有窄翅。

【分布与习性】产于我国秦岭及淮河以南各地，北起河南、山东，东至台湾，西至四川、云南及西藏，南至广东。喜温暖湿润气候，性喜光，幼树稍耐荫，耐干旱瘠薄土壤，不耐水涝。多生于平地、村落附近及低山丘陵区。在湿润肥沃而深厚的红黄壤土上生长良好。深根性，主根粗长，抗风力强。

【水土保持功能】我国重要的乡土树种，其适应性广，生长迅速，抗风抗大气污染，对土壤要求不严，耐干旱瘠薄，属先锋树种，具有良好的水土保持功能，生态效益好，是人工林树种结构调整的首选树种之一。秋季叶色变红，尤为美丽，是很好的秋季色叶树种。

杨梅

Myrica rubra（Lour.）S. et Zucc.

【科属名称】杨梅科 杨梅属

【形态特征】常绿乔木，高15米，叶革质，长6～16厘米，花雌雄异株，核果球状，外表面具乳头状凸起，径1～1.5厘米，栽培品种可达3厘米左右，外果皮肉质，多汁液及树脂，味酸甜，成熟时深红色或紫红色；6—7月果实成熟。

【分布与习性】产于江苏、浙江、台湾、福建、江西、湖南、贵州、四川、云南、广西、广东；海拔200～1200米，常见于林缘、山坡至山脊。喜酸性土壤。

【水土保持功能】枝繁叶茂，树冠圆整，树姿优美，初夏又有红果累累，十分可爱，是园林绿化结合生产的优良树种。根具菌根，耐干旱瘠薄，是南方良好的水土保持经济树种。

【资源利用价值】果味酸甜，可生食，主要加工为蜜饯、果酱、果汁、罐头，也可酿酒。叶具药用，树皮素具有抗氧化性，广泛应用于医药、食品、保健品和化妆品。

杜英

Elaeocarpus decipiens Hemsl. ，崇义当地俗称羊屎果

【科属名称】杜英科 杜英属

【形态特征】常绿乔木，高5～15米，叶革质，披针形或倒披针形，长7～12厘米，宽2～3.5厘米，上面深绿色，干后发亮；花白色，花瓣倒卵形，核果椭圆形，花期6—7月。

【分布与习性】产于广西、广东、福建、台湾、浙江、江西、湖南、贵州和云南。生长于海拔400～700米、在云南上升到海拔2000米的林中。喜温暖潮湿环境，耐寒性稍差。稍耐荫，喜排水良好、湿润、肥沃的酸性土壤。适生于酸性黄壤和红黄壤山区，若在平原栽植，必须排水良好，生长速度中等偏快。对二氧化硫抗性强。

【水土保持功能及应用】杜英属于常绿速生树种，材质好，适应性强，病虫害少，根系发达，萌芽力强，耐修剪，是庭院观赏和四旁绿化的优良品种。秋冬至早春季节，部分树叶转为绯红色，红绿相间，鲜艳悦目，加之生长迅速，易繁殖、移栽，长江中下游以南地区多作为行道树、园景树广为栽种。

猴欢喜

Sloanea sinensis（Hance）Hemsl.

【科属名称】杜英科 猴欢喜属

【形态特征】常绿乔木，树冠浓绿，树高可达 20 米，小枝褐色；叶聚生小枝上部，全缘或中部以上有小齿，狭倒卵形或椭圆状倒卵形，长 5～13 厘米；花单生或数朵生于小枝顶端或叶腋，绿白色，下垂；蒴果木质，外被细长刺毛，卵形，5～6 瓣裂，熟时红褐色。

【分布与习性】产于广东、海南、广西、贵州、湖南、江西、福建、台湾和浙江。生长于海拔 700～1000 米的常绿林中。偏阳性树种，不耐干燥，喜温暖湿润气候，在天然林中长居于林冠中下层。在深厚、肥沃、排水良好的酸性或偏酸性土壤上生长良好。

【水土保持功能及应用】生长较快，具有深根性，侧根发达，具有一定的水土保持作用，可用于公益林补植、残次林改造及速生丰产林建设；树形美观，四季常青，尤其红色蒴果颜色鲜艳，在绿叶丛中，满树红果，生机盎然，是以观果为主、观叶与观花为辅的常绿观赏树种，也是珍稀保护树种，树皮和果壳含鞣质，可提制栲胶；种子含油脂，是栽培香菇的优良原料，具有很好的开发价值。

木荷

Schima superba **Gardn. et Champ.** ，又名荷木

【科属名称】山茶科　木荷属

【形态特征】常绿大乔木，高 25 米，叶革质或薄革质，椭圆形，长 7～12 厘米，宽 4～6.5 厘米；花生于枝顶叶腋，常多朵排成总状花序，直径约 3 厘米，白色；花期 6—8 月。

【分布与习性】产于长江以南，四川和云南以东；生于海拔 2100 米以下的山地灌丛和森林中。喜光，适生于温暖气候和肥沃酸性土壤中，生长快，适应性很强，耐干旱瘠薄。

【水土保持功能】树冠浓密，落叶量大，根系发达，主根垂直分布在 1～5 米的土层中，水平分布延伸到 5 米以外，呈网状交织，是优良的水土保持树种。对土壤适应性广，是南方主要的造林树种之一，是营造防火林带的优良先锋树种；亦可做行道树。

【资源利用价值】木材浅黄褐色，耐用、易加工，可供建筑、家具、交通等用材；树皮、树叶可提取栲胶。

木竹子

Garcinia multi flora **Champ. ex Benth.** ，又名山竹子、竹节子、多花山竹子

【科属名称】藤黄科 藤黄属

【形态特征】乔木，稀灌木，高（3～）5～15米，树皮灰白色，粗糙；小枝绿色，具纵槽纹。叶片革质，边缘微反卷，果卵圆形至倒卵圆形，长3～5厘米，直径2.5～3厘米，成熟时黄色，盾状柱头宿存。花期6—8月，果期11—12月，同时偶有花果并存。

【分布与习性】产于台湾、福建、江西、湖南（西南部）、广东、海南、广西、贵州南部、云南等地。本种适应性较强，较耐寒，但不耐干旱瘠薄，生于山坡疏林或密林中，沟谷边缘或次生林或灌丛中，海拔通常为440～1200米。适生土壤为酸性至强酸性土，不宜于石灰岩地区生长。幼苗耐荫，大树喜光。

【水土保持功能及应用】木竹子病虫害少，做行道树或景观林皆可。树种适应性强，人工移栽后在水肥条件较好的地段生长良好，并能正常开花结实。枝叶浓绿，形态美观，是珍贵的园林绿化和水源涵养林树种。种子榨油，可供制肥皂和润滑油用；果可食；根、果及树皮入药，能消肿、收敛、止痛。

蒲桃

Syzygium jambos（L.）Alston，又名水蒲桃、香果、铃铛果

【科属名称】桃金娘科 蒲桃属

【形态特征】常绿乔木，高 10 米，主干极短，广分枝；叶片革质，披针形或长圆形；聚伞花序顶生，果实球形，果皮肉质，花期 3—4 月，果实 5—6 月成熟。

【分布与习性】分布于华南及西南地区，江西赣南地区有栽培。蒲桃适应性强，各种土壤均能栽种，多生于水边及河谷湿地，在沙土上也生长良好，以肥沃、深厚和湿润的土壤为佳。

【水土保持功能】属耐水湿植物，性喜暖热气候。喜生于河边及河谷湿地，喜光、对土壤要求不严、根系发达、生长迅速、适应性强，具有较好的水土保持效果。

【资源利用价值】蒲桃可以作为防风植物栽培，果实可以食用。是热带地区良好的果树、庭园绿化树种。

枳椇

Hovenia acerba Lindl. ,又名拐枣、鸡爪树、万寿果

【科属名称】鼠李科 枳椇属

【形态特征】高大乔木，高10～25米，叶互生，厚纸质至纸质，宽卵形、椭圆状卵形或心形，长8～17厘米，宽6～12厘米，二歧式聚伞圆锥花序，顶生和腋生，被棕色短柔毛；浆果状核果近球形，直径5～6.5毫米，无毛，成熟时黄褐色或棕褐色；果序轴明显膨大；种子暗褐色或黑紫色，花期5—7月，果期8—10月。

【分布与习性】产于甘肃、陕西、河南、安徽、江苏、浙江、江西、福建、广东、广西、湖南、湖北和西南地区。生于海拔2100米以下的开旷地、山坡林缘或疏林中；庭院宅旁常有栽培，喜充足阳光，不宜积水地区。

【水土保持功能】适应环境能力强，抗旱，耐寒，耐较瘠薄的土壤。属于速生树种，常与其他常绿、落叶阔叶树种混生。树姿优美，枝叶繁茂，叶大荫浓，果梗虬曲，状甚奇特，是四旁绿化的理想树种。

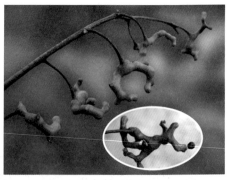

【资源利用价值】果序轴有很高的营养价值，可生食，可作果露、果酒等饮品，还可加工成罐头、蜜饯等。还具有药用价值，同时也是很好的木材。

罗浮柿

Diospyros morrisiana Hance，又名纽扣柿、山樨树、乌蛇木、山柿

【科属名称】柿科 柿属

【形态特征】乔木或小乔木，高可达 20 米，树皮呈片状剥落，叶薄革质，雄花序短小，腋生，花冠近壶形，白色；雌花单生，花冠近壶形。果球形，直径约 1.8 厘米，形如纽扣大小，黄色，有光泽，花期 5—6 月，果期 11 月。

【分布与习性】产于广东、广西、福建、台湾、浙江、江西、湖南南部、贵州东南部、云南东南部、四川盆地等地；垂直分布海拔 1100～1450 米；生于山坡、山谷疏林或密林中，或灌丛中，或近溪畔、水边。性喜高温多湿，生长适温 23～32℃，冬季需要温暖避风。

【水土保持功能及应用】生性强健，耐旱、耐荫、耐贫瘠、萌芽力强，移植容易，管理简单；营养价值高，所含维生素和糖分比一般水果高 1～2 倍，未成熟果实可提取柿漆，是一种具有开发潜力的水土保持和经济价值兼顾的树种，亦可作为绿化造景树种。

君迁子

Diospyros lotus L.，又名猴柿子、软枣、黑枣、牛奶柿

【科属名称】柿科 柿属

【形态特征】落叶乔木，高可达 30 米，树冠近球形或扁球形；叶椭圆形至长椭圆形，上面深绿色，有光泽，下面绿色或粉绿色，有柔毛；雄花腋生；花萼钟形；花冠壶形，带红色或淡黄色。果近球形或椭圆形，初熟时为淡黄色，后则变为蓝黑色，常被有白色薄蜡层，花期5—6月，果期10—11月。

【分布与习性】长江流域以北，西北至甘肃，东北至辽宁，均有分布，华中及西南地区也均有分布。阳性树种，能耐半荫，枝叶多呈水平伸展，抗寒抗旱的能力较强，也耐瘠薄的土壤，生长迅速，寿命较长。生于海拔500～2300 米的山地、山坡、山谷的灌丛中，或在林缘。

【水土保持功能】对瘠薄土、中等碱性土及石灰质土有一定的耐力，对二氧化硫抗性强，抗寒抗旱的能力较强，生长较快，寿命较长，具深根性，侧根发达，是耐瘠抗旱的水土保持植物。

【资源利用价值】成熟果实可食用，可制成柿饼，亦可入药；果实、嫩叶均可供提取维生素 C；未熟果实可提制柿漆，供医药和涂料用。木材质硬，耐磨损，纹理美丽，可做精美家具和文具。树皮可供提取单宁和制人造棉。君迁子具多种经济价值和开发潜力。

南酸枣

Choerospondias axillaris（Roxb.）Burtt et Hill. ，又名五眼果、酸枣树、山枣树

【科属名称】漆树科 南酸枣属

【形态特征】落叶乔木，高8~20米；奇数羽状复叶长25~40厘米，有小叶3~6对，小叶膜质至纸质，基部偏斜，全缘或幼株叶边缘具粗锯齿，花紫红色，排成聚伞状圆锥花序。核果椭圆形或倒卵形，熟时黄色，花期4月，果期8—10月。

【分布与习性】产于长江以南，南至海南，西至四川、云南以及西藏南部。生于海拔300~1000米区域。生长快、适应性强，性喜阳光，略耐荫；喜温暖湿润气候，不耐寒；适生于深厚肥沃而排水良好的酸性或中性土壤，不耐涝。浅根性，萌芽力强，生长迅速，树龄可达300年以上。

【水土保持功能】我国南方优良速生用材树种，萌蘖性强，生长速度快，具有良好的水土保持功能。树干端直，枝叶茂密，对二氧化硫、氯气抗性强；是良好的庭荫树、行道树和用材林树。

【资源利用价值】果实甜酸，可生食、酿酒和加工酸枣糕；木材纹理直，易加工；树皮和果入药，有消炎解毒、止血止痛之效。

盐肤木

Rhus chinensis Mill.

【科属名称】漆树科 盐肤木属

【形态特征】落叶小乔木或灌木，高 2～10 米；小枝棕褐色，被锈色柔毛，具圆形小皮孔。奇数羽状复叶，有小叶（2～）3～6 对，叶轴具宽的叶状翅，小叶自下而上逐渐增大，叶轴和叶柄密被锈色柔毛；叶面暗绿色，叶背粉绿色，被白粉。花白色，果橘红色。花期 8—9 月，果期 10 月。

【分布与习性】我国除黑龙江、吉林、辽宁、内蒙古和新疆外，其余地区均有分布，生于海拔 170～2700 米的向阳山坡、沟谷、溪边的疏林或灌丛中。喜光，喜温暖湿润气候，对土壤要求不严，耐干旱瘠薄，对环境适应能力极强，酸性、中性、石灰性土壤都能生长，但不耐水湿。

【水土保持功能】具有深根性，根系发达，萌蘖力很强，生长快，耐干旱瘠薄，对环境适应力极强，可用作各种恶劣条件的生境改造，是良好的水土保持树种。

【资源利用价值】本种为五倍子蚜虫寄主植物，在幼枝和叶上形成虫瘿，即五倍子，可供鞣革、医药、塑料和墨水等工业使用。幼枝和叶可做土农药。果泡水代醋用，生食酸咸止渴。种子可榨油。根、叶、花及果均可供药用。

圆齿野鸦椿

Euscaphis Konishii Hayata

【科属名称】省沽油科 野鸦椿属

【形态特征】常绿小乔木，高2～8米，叶对生，奇数羽状复叶，有小叶5～7片，厚纸质，长卵形或椭圆形，边缘具疏短锯齿；圆锥花序顶生，花多，较密集，黄白色。蓇葖果长1～2厘米，每一花发育为1～3个蓇葖，果皮软革质，紫红色，有纵脉纹，种子近圆形，花期5—6月，果期8—9月。

【分布与习性】主要分布于广东、海南、广西、江西、福建、湖南和江苏等地。其幼苗耐荫，耐湿润，大树则偏阳喜光，较耐瘠薄、干燥，耐寒性较强。在土层深厚、疏松、湿润、排水良好而且富含有机质的微酸性土壤中生长良好。

【水土保持功能】耐瘠薄，耐修剪，萌蘖力强，适应肥沃酸性土壤，对城市环境适应性强，可用于南方城市水土保持和园林绿化。

【资源利用价值】具有较高的观赏价值，春夏之际，花黄白色，集生于枝顶，满树银花，十分美观；秋天，果成熟后果荚开裂，果皮反卷，露出鲜红色的内果皮，黑色的种子黏挂在内果皮上，犹如满树红花上点缀着颗颗黑珍珠，十分艳丽。

灌木篇

乌药

Lindera aggregata （Sims） Kosterm

【科属名称】樟科 山胡椒属

【形态特征】常绿灌木，高 1.5～5 米，根有纺锤状或结节状膨胀。叶互生，薄革质，卵圆形或椭圆形，上面亮绿，下面银白色，密被柔毛，三出脉；伞形花序，果椭圆形，花期 3—4 月，果期 6—9 月。

【分布与习性】产于浙江、江西、福建、安徽、湖南、广东、广西及台湾等地；生于海拔 100～1000 米。不耐荫，对土壤要求不严，荒坡贫瘠地均可生长。

【水土保持功能】对土壤要求不严，主要作为水土保持经济树种进行种植，可在治理水土流失的同时改善当地的经济状况。

【资源利用价值】根和叶入药；种子含油率 56％，根、叶、果可提取芳香油。

火棘

Pyracantha fortuneana（Maxim.）L.，又名火把果、救军粮

【科属名称】蔷薇科 火棘属

【形态特征】常绿灌木，高可达 3 米，花集成复伞房花序，直径 3～4 厘米，花瓣白色，近圆形，果实近球形，直径约 5 毫米，橘红色或深红色。花期 3—5 月，果期 8—11 月。

【分布与习性】分布于我国黄河以南及西南广大地区。喜温暖及阳光充足的环境，耐贫瘠，抗干旱；黄河以南露地种植，温度可低至 0～5℃或更低。

【水土保持功能】枝繁叶茂，可有效截留降雨；还可改良土壤结构，增加其通透性，提高土壤的抗冲刷性。因其适应性强，抗逆性强，根萌蘖能力强，适合于固土护坡，防治水土流失，是优良的水土保持树种。

【资源利用价值】可在田边栽植、做绿篱。果实可鲜食或酿酒，磨粉可做代食品，营养丰富。火棘枝叶繁茂，初夏白花繁密，入秋红果累累，具有较好的观赏价值，常用于园林绿化，也是制作盆景的优良材料。

金樱子

Rosa laevigata **Michx.**，又名山石榴、刺梨子

【科属名称】蔷薇科 蔷薇属

【形态特征】常绿攀援灌木，高可达 5 米；小叶革质，通常 3，稀 5，小叶片椭圆状卵形、倒卵形或披针状卵形，长 2～6 厘米，宽 1.2～3.5 厘米，边缘有锐锯齿；花单生于叶腋，直径 5～7 厘米；花瓣白色，宽倒卵形，先端微凹；果梨形、倒卵形，稀近球形，紫褐色，外面密被刺毛，花期 4—6月，果期 7—11 月。

【分布与习性】产于陕西，长江流域以南及西南地区，山野、田边、溪畔灌木丛中，海拔 200～1600 米。喜阳，亦耐半荫，较耐寒，适生于排水良好的肥沃润湿地。对土壤要求不严，耐干旱，耐瘠薄，但栽植在土层深厚、疏松、肥沃湿润而又排水通畅的土壤中则生长更好，也可在黏重土壤上正常生长。不耐水湿，忌积水。

【水土保持功能及应用】叶片革质亮绿，枝条柔软密布，枝繁叶茂覆盖度很高，且夏季白花，花朵繁多而靓丽，具有较高的园林观赏价值；耐干旱，耐瘠薄，生长强健，是很好的水土保持植物；果实可入药。

缫丝花

***Rosa roxburghii* Tratt.**，又名刺梨

【科属名称】蔷薇科 蔷薇属

【形态特征】小灌木，高 1～2.5 米；叶有刺枝，奇数羽状复叶，花粉红色或淡红色，微香，花瓣重瓣至半重瓣，单生或 2～3 朵生于短枝顶端。果实多为扁圆球形，直径 3～4 厘米，黄色，有时带红晕。果肉脆，成熟后有芳香味。果皮上密生针刺，俗称"刺梨"。花期 5—7 月，果期 8—10 月。

【分布与习性】我国南方各地多有分布，以贵州最多。长江以南温暖地区刺梨不落叶，长江以北落叶或半落叶。最适合生长在偏酸性和中性土壤中，喜光，其正常生长发育要求年均温度在 16℃ 以上，大于等于 10℃ 年有效积温 4000～5000℃，年降水量 1400～1600 毫米。光照良好则花芽易形成，果品质量高。

【水土保持功能】浅根性，侧根发达，萌蘖性强，多分布在 5～30cm 的土层中，蓄水力强，固土作用好，对土壤适应性强，耐贫瘠，在防治水土流失、涵养水源、调节气候，保护自然环境方面具有重要作用。

【资源利用价值】重要的食品加工原料，富含多种糖类、有机酸、胡萝卜素、维生素和 20 多种氨基酸，尤其维生素 C 含量最高，被誉为"维 C 之王"，其果可加工成果汁、果酒、果酱、果脯和蜜饯等。花密，花色鲜艳，既是一种很好的蜜源植物，又是极佳的观赏植物。

小叶石楠

Photinia parvifolia（Pritz.）Schneid.

【科属名称】蔷薇科 石楠属

【形态特征】落叶灌木，高1～3米。叶片草质，椭圆形、椭圆卵形或菱状卵形。花2～9朵，成伞形花序，生于侧枝顶端；花瓣白色，圆形。果实椭圆形或卵形，长9～12毫米，直径5～7毫米，橘红色或紫色。花期4—5月，果期7—8月。

【分布与习性】产于河南、江苏、安徽、浙江、江西、湖南、湖北、四川、贵州、台湾、广东、广西。生于海拔1000米以下低山丘陵灌丛中。喜光，稍耐荫，对土壤要求不严，但以肥沃、湿润、土层深厚、排水良好、微酸性的砂质土壤最为适宜，能耐短期－15℃左右的低温，喜温暖、湿润气候。

【水土保持功能及应用】具有深根性，根系发达，对土壤要求不严，而且萌芽力强，耐修剪，对烟尘和有毒气体有一定的抗性，是优良的水土保持植物。花朵白色，花开量大如白色云霞，果实椭圆形或卵形，橘红色或紫色，具有野趣。

高粱泡

Rubus lambertianus Ser.

【科属名称】蔷薇科 悬钩子属

【特征与习性】半落叶藤状灌木，株高1～2米，野生状态下蔓生性强，花白色，10—11月果熟。常见于低海拔山坡、山谷或路旁灌木丛中阴湿处或林缘及草坪。喜土质肥沃、土壤潮湿但不低洼积水的坡地。

【水土保持功能】须根发达，分布于5～10厘米的表土层中，具有小枝顶端生根的特性，枝端触地后根系深入土中，地上也发出新株，具有触地生根的超强萌蘖力，是值得开发利用的低山丘陵区水保植物。

【资源利用价值】是一种晚熟、丰产的野果，聚合果红色或橙红色，鲜果出汁率为65％，含丰富的维生素，加工的果汁、果酱、果酒，色泽艳丽，香味纯正。根叶可供药用，有清热散瘀、止血之效；种子可榨油，做发油用。

小柱悬钩子

Rubus columellaris Tutcher，又名九龙泡、三叶吊杆泡

【科属名称】蔷薇科 悬钩子属

【形态特征】攀援灌木，高 1～2.5 米；枝褐色或红褐色，疏生钩状皮刺。小叶 3 枚，有时生于枝顶端花序下部的叶为单叶，近革质，椭圆形或长卵状披针形，花 3～7 朵成伞房状花序，着生于侧枝顶端，或腋生，果实近球形或稍呈长圆形，直径达 1.5 厘米，长达 1.7 厘米，橘红色或褐黄色，花期 4—5 月，果期 6 月。

【分布及习性】产于江西、湖南、广东、广西、福建、四川、贵州、云南。生于山坡、山谷疏密杂木林内较阴湿处，海拔达 2000 米。

【水土保持功能及应用】耐贫瘠，适应性强，生长快速，性强健，在山坡、溪边、山谷、荒地和灌木丛中皆可生长，具有一定的水土保持功能，聚合果熟时橙黄色或鲜红色，多汁，口感好，被预测为第三代水果，同时有药用价值。

蜡梅

Chimonanthus praecox（Linn.）Link，又名腊梅、金梅

【科属名称】蜡梅科 蜡梅属

【形态特征】落叶灌木，高达4米；常丛生。叶对生，纸质至近革质，叶表面具刚毛。花直径2～4厘米，花被多片，呈螺旋状排列，黄色，带蜡质，有浓郁芳香，先花后叶。花期11月至次年2月，瘦果长椭圆形，紫褐色，有光泽。

【分布与习性】北京以南各地广泛栽培。蜡梅性喜阳光，耐荫、耐寒、耐旱，忌渍水。喜生于土层深厚、肥沃、疏松、排水良好的微酸性砂质壤土上，在盐碱地上生长不良。耐旱性较强，怕涝，故不宜在低洼地栽培。树体生长势强，分枝旺盛，根茎部易生萌蘖。耐修剪，易整形。

【水土保持功能及应用】对二氧化硫和氯气的抗性强，耐干旱，可在相应污染物的工矿环境下种植，根分蘖性强，是优良的水保植物。喜光，忌水湿，喜深厚排水良好的土壤，是冬季较好的香花观赏树种。花和根均可入药。

南方荚蒾

Viburnum fordiae **Hance**,又名火柴籽

【科属名称】忍冬科 荚蒾属

【形态特征】灌木或小乔木,高 3～5 米;单叶对生,叶纸质,宽卵形或菱状卵形,边缘具小尖齿;复伞形式聚伞花序,白色花冠辐射状,核果卵圆形,红色;花期 4—5 月,果熟期 10—11 月。

【分布与习性】产于安徽南部、浙江南部、江西西部至南部、福建、湖南东南部至西南部,广东、广西、贵州(湄潭、册亨)及云南(富宁)。生于山谷溪涧旁疏林、山坡灌丛中或平原旷野,海拔数十米至 1300 米。耐半荫,萌芽力、萌蘖力均强,较耐寒,能适应一般土壤,喜湿润肥沃土壤。

【水土保持功能及应用】根系发达,根部萌蘖力强,是良好的保水保土植物;也是良好的蜜源植物,果实营养成分丰富,是一种具有较大开发潜力的功能水果,并具有明显的食补价值。春末夏初开花,白色的花序着生于小枝顶端,绿叶映衬团团白花,秋冬红果累累,观赏效果极佳。

红花檵木

Loropetalum chinense var. *rubrum* Yieh

【科属名称】金缕梅科 檵木属

【形态特征】常绿灌木。叶革质互生，卵圆形或椭圆形，长 2～5 厘米，先端短尖，基部圆而偏斜，不对称，两面均有星状毛，全缘，暗红色。花瓣 4 枚，紫红色线形长 1～2 厘米，花 3～8 朵簇生于小枝端。花期 4—5 月，10 月前后能再次开花。

【分布与习性】主要分布于长江中下游及以南地区。喜光，稍耐荫，但阴时叶色容易变绿。适应性强，耐旱，喜温暖，亦耐寒冷。萌芽力和发枝力强，耐修剪。耐瘠薄，但适宜在肥沃、湿润的微酸性土壤中生长。

【水土保持功能】适应性强，耐干旱瘠薄土壤，萌芽性强，具有保持水土、改善生态环境的作用。

【资源利用价值】枝繁叶茂，姿态优美，花开时节，满树红花，极为壮观。红花檵木生态适应性强，耐修剪，易造型，广泛用于色篱、模纹花坛、灌木球、桩景造型等城市绿化美化。

薜荔

Ficus pumila Linn. ,又名凉粉果、凉粉包

【科属名称】桑科 榕属

【形态特征】攀援或匍匐灌木，叶两型。不结果枝节上生不定根，叶卵状心形，薄革质，长约 2.5 厘米。结果枝上无不定根，叶卵状椭圆形，革质，长 5～10 厘米，宽 2～3.5 厘米。瘦果近球形，有黏液。花果期 5—8 月。

【分布与习性】产于福建、江西、浙江、安徽、江苏、台湾、湖南、广东、广西、贵州、云南东南部、四川及陕西，北方偶有栽培。耐贫瘠，抗干旱，对土壤要求不严格，适应性强，幼株耐荫。

【水土保持功能】叶片茂密，覆盖度高。由于薜荔的不定根发达，攀援及生存适应能力很强，在园林绿化方面可用于垂直绿化、护坡护堤，是一种优良的园林观赏、水土保持植物。

【资源利用价值】果实可制作凉粉、提取果胶，具有食用价值。

光叶子花

Bougainvillea glabra Choisy，又名三角梅、九重葛、宝巾花、簕杜鹃、叶子花

【科属名称】紫茉莉科 叶子花属

【形态特征】藤状灌木。茎粗壮，枝下垂；刺腋生，长5～15毫米。叶片纸质，卵形或卵状披针形。花顶生枝端的3个苞片内，每个苞片上生一朵花；苞片叶状，紫色或洋红色，长圆形或椭圆形，纸质。花期冬春间，北方温室栽培3—7月开花。

【分布与习性】原产于巴西，主要栽培于我国福建、广东、海南、广西、云南，赣南地区冬季可露地栽培。我国南方栽植于庭院、公园，北方栽培于温室，是美丽的观赏植物。喜温暖湿润气候，不耐寒，喜充足光照。品种多样，植株适应性强。

【水土保持功能及应用】植株适应性强，生长速度较快，根系发达，须根甚多，具有一定的水土保持功能。花美而且花期长，从春至秋三季花开不断，品种多样，颜色丰富，观赏价值极高。

海桐

Pittosporum tobira（Thunb.）Ait.

【科属名称】海桐花科 海桐花属

【形态特征】常绿灌木或小乔木，高达6米，嫩枝被褐色柔毛，有皮孔。叶聚生于枝顶，二年生，革质；伞形花序或伞房状伞形花序顶生或近顶生，花白色，有芳香，后变黄色；蒴果圆球形，有棱或呈三角形，直径约12毫米；花期3—5月，果熟期9—10月。

【分布与习性】产于长江以南滨海各省，内地多为栽培供观赏。对气候的适应性较强，能耐寒冷，亦颇耐暑热，黄河流域以南，可在露地安全越冬。喜光亦耐荫，对土壤的适应性强，在黏土、砂土及轻盐碱土中均能正常生长。

【水土保持功能】适应性强，萌芽力强，对二氧化硫、氟化氢、氯气等有毒气体抗性强，具有较好的水土保持功能。

【资源利用价值】株形圆整，叶片四季常青，浓绿光亮，花白芳香，种子红艳，为著名的观叶、观果植物；对多种有毒气体抗性强，是工厂、矿山和污染区的绿化环保树种；还是城市隔噪声和防火林的下木。

木槿

Hibiscus syriacus L. ,又名金木棉、朝开暮落花

【科属名称】锦葵科 木槿属

【形态特征】灌木，高 3～4 米。叶菱状卵形，长 3～6 厘米，宽 2～4 厘米，顶端常 3 裂，叶缘有不整齐钝齿。花有淡紫、白、红等色，单瓣或重瓣，蒴果卵圆形，花期 7—10 月，果期 9—11 月。

【分布与习性】全国各地均有栽培。对环境的适应性很强，较耐干燥和贫瘠，对土壤要求不严格，尤喜光和温暖潮润的气候。

【水土保持功能】木槿耐干旱也耐水湿，萌蘖性强、耐修剪，对二氧化硫、氯气等抗性强，具有较强的水土保持功能，是工矿区优选水土保持植物。盛夏满树花朵，花色丰富，娇艳夺目，花期长达 5 个月，适用于公共场所花篱、绿篱及庭院布置。

【资源利用价值】木槿花的营养价值极高，含有蛋白质、脂肪、粗纤维，以及还原糖、维生素 C、氨基酸、铁、钙、锌等，并含有黄酮类活性化合物。木槿花蕾南方地区多食用，食之口感清脆，完全绽放的木槿花，食之滑爽。木槿的花、果、根、叶和皮均可入药，具有防治病毒性疾病和降低胆固醇的作用。

木芙蓉

Hibiscus mutabilis Linn.，又名芙蓉花、拒霜花

【科属名称】锦葵科 木槿属

【形态特征】落叶灌木或小乔木，高 2～5 米，叶宽卵形至圆卵形或心形，直径 10～15 厘米，常 5～7 裂，裂片三角形；花单生于枝端叶腋间，花初开时白色或淡红色，后变深红色，直径约 8 厘米，单瓣或重瓣，花期 8—10 月。

【分布与习性】原产于我国湖南，在辽宁、陕西、华北局部地区、长江以南各地均有栽培。耐水湿，喜光，喜肥沃湿润土壤，耐修剪。

【水土保持功能】生长较快，萌蘖性强；对二氧化硫抗性特强，对氯气也有一定抗性。木芙蓉在防止水土流失的生态防护中作用十分显著，因其拥有盘根错节的根系，也有能向土壤内部伸展的侧根，从而有助于边坡稳定性的增强。

【资源利用价值】花大色丽，特别适合于水滨栽植，开花时波光花影，分外妖娆，为我国久经栽培的园林观赏植物。叶、花及根皮可入药。

金铃花

Abutilon striatum Dickson.，又名灯笼花、纹瓣悬铃花

【科属名称】锦葵科 苘麻属

【形态特征】常绿灌木，高达1米，通常可长至2～4m。叶掌状3～5深裂，直径5～8厘米，裂片卵状渐尖形，先端长渐尖，边缘具锯齿或粗齿。花单生于叶腋，花钟形，橘黄色，具紫色条纹，长35厘米，直径约3厘米，花瓣5，倒卵形，整花如吊着的金色铃铛而得名，花期5—10月。

【分布与习性】我国福建、浙江、江苏、湖北、北京、辽宁等地均有栽培。喜温暖湿润气候，不耐寒，北方地区盆栽，越冬最低为3～5℃；耐瘠薄，但以肥沃湿润、排水良好的微酸性土壤较好。

【水土保持功能及应用】萌蘖力强，对土壤适应性强，耐瘠薄，叶片大而粗糙，对减缓雨滴击溅有一定作用。金铃花为园林中很有观赏价值的植物，可以布置花丛、花境，也可盆栽。其叶和花可活血祛瘀，舒筋通络，用于跌打损伤。

贵州连蕊茶
Camellia costei Levl.

【科属名称】山茶科 山茶属

【形态特征】灌木或小乔木，高可达 7 米。叶革质，卵状长圆形。花顶生及腋生，花冠白色，长 1.3～2 厘米，花瓣 5 片。蒴果圆球形，直径 11～15 毫米，有种子 1 粒，花期 1—2 月。

【分布】产于广西、广东西部、湖北、湖南、贵州。多生长于山坡林缘、灌丛，目前尚未由人工引种栽培，赣南有野生分布。

【水土保持功能】树形开展，分枝细密，根系较发达，可有效防止土壤冲刷；较耐旱，适应性强，具有一定的水土保持效果。

杜鹃

Rhododendron simsii **Planch.**，又名映山红

【科属名称】杜鹃花科 杜鹃属

【形态特征】落叶或半常绿灌木，高 2～5 米。主枝单生或丛生。叶革质，常集生枝端，边缘微反卷，具细齿，叶长 1.5～5 厘米，宽 0.5～3 厘米。花期 4—5 月。花冠阔漏斗形，玫瑰色、鲜红色或暗红色。

【分布与习性】华中、华东、西南、华北地区均有栽培，其中长江以南较多，云南最多。生于海拔 500～1200（～2500）米的山地疏灌丛或松林下，为我国中南及西南典型的酸性土指示植物。喜凉爽、湿润气候，不适宜栽植于石灰质土壤及黏土中。耐荫，耐瘠薄，有菌根，在菌土中较易成活。

【水土保持功能】枝条密集，根盘结，是长江流域地区山地水源涵养和水土保持的优良树种。

【资源利用价值】叶和花可提炼芳香油，有的品种花可食用。叶和树皮可提取栲胶；根、花、叶均可入药。杜鹃枝繁叶茂，绮丽多姿，是我国十大名花之一。

南烛

Vaccinium bracteatum **Thunb.**，又名乌饭树

【科属名称】杜鹃花科 越橘属

【形态特征】常绿灌木或小乔木，高 2～6（～9）米；分枝多，叶片薄革质，椭圆形、菱状椭圆形、披针状椭圆形至披针形，长 4～9 厘米，宽 2～4 厘米，边缘有细锯齿，表面平坦有光泽。总状花序顶生和腋生，长 4～10 厘米，有多数花，花冠白色，筒状。浆果熟时紫黑色。花期 6—7 月，果期 8—10 月。

【分布与习性】广布于长江以南各地，包括福建、浙江、江苏、安徽、江西、湖南、湖北、广东、台湾、海南。多生于山坡灌木丛或马尾松林内，向阳山坡路旁，喜酸性土壤。

【水土保持功能】耐旱、耐瘠薄，是适应性很强的乡土树种，多生长于酸性土壤，是酸性土壤指示植物。生命力强，且须根发达，分布在 10～20cm 表土中，具有很好的水土保持作用，是绿化荒山、防治水土流失的优良先锋树种。

【资源利用价值】夏季叶色翠绿，秋季叶色微红，叶片层叠有致，姿态优美；花型玲珑秀美，有清香，球果累累，既能观赏又可食用。乌饭树姿态优美，萌发力强，是非常优秀的园林观赏树种，更是不可多得的制作盆景、盆栽的优良素材。果实成熟后酸甜，可食；采摘枝、叶渍汁浸米，煮成"乌饭"，江南一带民间在寒食节（农历四月）有煮食乌饭的习俗。

桃金娘

Rhodomyrtus tomentosa，又名岗菍、山菍、稔子树、豆稔

【科属名称】桃金娘科 桃金娘属

【形态特征】灌木，高可达2米；叶对生，革质，椭圆形或倒卵形，花常单生，紫红色，直径2～4厘米，花瓣5，倒卵形，雄蕊红色，浆果卵状壶形，熟时紫黑色；花期4—5月。

【分布及习性】产于台湾、福建、广东、广西、云南、贵州及湖南最南部，赣南地区有栽培。生于丘陵坡地，为酸性土指示植物，喜高温高湿环境。

【水土保持功能】生长迅速，耐贫瘠，抗逆性强，用于园林绿化、生态环境建设，是山坡复绿、水土保持的常绿灌木。株形紧凑，四季常青，花先白后红，红白相映，十分艳丽，花期也较长。果色鲜红转酱红，观赏效果好，可用其丛植、片植或孤植点缀绿地。

【资源利用价值】成熟果可食，也可酿酒，生产果汁、保健饮料，也是鸟类的天然食源。全株供药用，有活血通络、收敛止泻、补虚止血的功效，是集多种功能于一体的非常具有开发潜力的植物。

赤楠

Syzygium buxifolium Hook. et Arn. ，又名米赛子、鱼鳞木、瓜子木

【科属名称】桃金娘科 蒲桃属

【形态特征】灌木或小乔木；嫩枝有棱，干后黑褐色。叶片革质，阔椭圆形至椭圆形，有时阔倒卵形，先端圆或钝，有时有钝尖头，基部阔楔形或钝，上面干后暗褐色，无光泽，下面稍浅色，有腺点，侧脉多而密，在上面不明显，在下面稍突起。果实球形，直径5～7毫米。花期6—8月。

【分布与习性】产于安徽、浙江、台湾、福建、江西、湖南、广东、广西、贵州等地。生于低山疏林或灌丛。对光照的适应性较强，较耐荫。喜温暖湿润气候，耐寒力较差，适生于腐殖质丰富、疏松肥沃而排水良好的酸性砂质土壤。

【水土保持功能】对环境适应性强，耐湿耐高温，枝叶稠密，在一定程度上降低雨水对地表的冲刷，是长江流域庭园观赏及行道绿化的优良地被品种。因耐风力强，可做防风地被树种。

【资源利用价值】盆景艺术价值高，发叶期新叶鲜红美丽。其根和树皮可以入药，有平喘化痰的药用价值。果子的外皮可以食用，是乡村比较常见的野果。

地菍

Melastoma dodecandrum Lour.

【科属名称】野牡丹科 野牡丹属

【形态特征】小灌木，高 10～30 厘米；茎匍匐上升，逐节生根，分枝多。叶片坚纸质，卵形或椭圆形，长 1～4 厘米，宽 0.8～2（～3）厘米，全缘或具密浅细锯齿，3～5 基出脉。聚伞花序，顶生，有花（1～）3 朵。果坛状球状，肉质，不开裂，长 7～9 毫米，直径约 7 毫米。花期 5—7 月，果期 7—9 月。

【分布与习性】产于贵州、湖南、广西、广东、江西、浙江、福建。生于海拔 1250 米以下的山坡矮草丛中，为酸性土壤常见的植物。性喜光，亦适应于林下的阴湿环境生长，适应能力强，具有一定程度的耐践踏性。

【水土保持功能及应用】生长适应性极强，具有耐寒、耐旱、耐瘠薄、生长迅速等特点，同时地菍的观赏价值也较高，其叶片浓密，贴伏地表，能形成平整、致密的地被层，覆盖效果好，是良好的水土保持地被植物。地菍几乎长年开花，花朵粉色、紫色，大而美丽，圆球形的浆果也呈现绿—红—紫—黑的色彩变化，能酿酒。地菍是一种集药用、观赏和保健于一体的优良水土保持地被植物。

枸骨

Ilex cornuta Lindl. et Paxt.

【科属名称】冬青科 冬青属

【形态特征】常绿灌木或小乔木，通常高 1～3 米。叶硬革质，四方状长圆形或卵形，长 4～7 米，宽 2.4～3.2 厘米，先端具三个硬刺，两侧有 1～2 对锐刺，大树之叶有时近全缘，上面亮绿色，下面淡绿色，侧脉 5～6 对，近叶缘处弯弓。花序簇生于 2 年生枝叶腋；花黄绿色，4 数。果球形，鲜红色。

【分布与习性】产于华中至华东地区，生于海拔 1200 米以下的荒地、荒坡。喜光，喜酸性土壤，耐干旱瘠薄。

【水土保持功能】根系发达，萌芽性强，耐干旱瘠薄，在荒裸地上生长良好，具有较强的水土保持功能。枝叶茂密，叶形奇特，果实红艳，观赏效果佳，是良好的园林观赏植物或做刺篱。

【资源利用价值】其根、枝叶和果入药，根有滋补强壮、活络、清风热、祛风湿之功效。种子含油，可做肥皂原料，树皮可做染料和提取栲胶。

胡颓子

Elaeagnus pungens Thunb.，俗称当吊

【科属名称】胡颓子科 胡颓子属

【形态特征】常绿灌木，高可达3～4米，树枝开展，小枝褐锈色，被鳞片，具棘刺。叶厚革质，椭圆形或矩圆形，叶缘微波状，表面绿色有光泽，背面有银白色鳞片。花银白色，簇生1～3朵；浆果椭圆形，成熟时红色，花期5月，果期9月。

【分布与习性】华北、西北、东北及长江流域均有分布。喜光，亦耐荫，抗寒性强，耐瘠薄，适应性很强，对土壤要求不严，在中性、酸性或石灰质土壤上均能生长。

【水土保持功能】树冠浓密，落叶丰富，且易于分解，具有改良土壤的性能，能够提高土壤的保水保肥能力，根系发达，为保持水土、防风固沙、改良土壤的优良先锋树种。同时，花朵秀丽芬芳，果实鲜艳美观，是优良的观赏绿化树种，适做丛植观果灌木、绿篱和盆景。

【资源利用价值】果可食用，制作蜜饯、加工酿酒；花可提取芳香油，也可做调香原料；根、果、叶均可入药。

多花勾儿茶

Berchemia floribunda（Wall.）Brongn.，又名老鼠屎、牛儿藤

【科属名称】鼠李科 勾儿茶属

【形态特征】藤状或直立灌木，叶片纸质互生或顶端簇生，叶脉明显，核果圆柱形，秋季硕果累累，成熟时呈紫红色或黑色，色泽鲜艳，具有一定的观赏价值，目前多是野生性状。花期7—10月，果期次年4—7月。

【分布与习性】分布于广东、广西、湖南、湖北、四川、贵州、云南等地，江西亦有栽培。生长于海拔2600米以下的山坡、沟谷、林缘、林下或灌丛中。最适宜地形为丘陵岗地，可生于红壤、山地黄壤等多种土壤类型，最适宜土壤为红壤。耐荫喜湿，喜凉爽的气候环境。

【水土保持功能】多花勾儿茶适应性强、生态适应幅度广，最适宜的环境为丘陵地区海拔300米左右的灌丛、荒坡、林缘，最适宜土壤为红壤，可用于防治水土流失。

【资源利用价值】具有较高的开发利用价值，不仅藤茎、根可入药，还可制成特色"藤茶"，风味独特，是一种颇具开发潜力的饮料资源。

硃砂根

Ardisia crenata Sims ，又名富贵子、朱砂根、黄金万两

【科属名称】紫金牛科 紫金牛属

【形态特征】灌木，高可达 2 米，茎粗壮，叶片革质或坚纸质。伞形花序或聚伞花序，着生花枝顶端；花瓣白色，盛开时反卷。果球形，鲜红色，5—6 月开花，10—12 月结果（有时 2—4 月）。

【分布与习性】产于我国西藏东南部至台湾，湖北至海南岛等地区，海拔 90～2400 米的疏、密林下阴湿的灌木丛中。喜温暖、湿润、荫蔽、通风良好的环境，生长温度 8～32℃。不耐旱瘠和暴晒，在全日照阳光下生长不良，不适于水湿环境。对土壤要求不严，但以土层疏松湿润、排水良好和富含腐殖质的酸性或微酸性的砂质壤土或壤土并有荫蔽的环境下生长良好。

【水土保持功能及应用】四季常青，株形优美，春夏淡红花朵飘香，秋末红果成串，绿叶红果，艳丽夺目，观果期很长，是一种新型园林绿化树种，是庭园绿化难得的耐荫乡土树种。耐荫性强，在乔灌林下做地被布置，对地表土壤起到较好的固定作用，防止地表径流对水土的冲刷，同时有较高的药用、食用、工业用等多重经济价值。

迎春花

Jasminum nudiflorum Lindl.

【科属名称】木犀科 素馨属

【形态特征】落叶灌木，直立或匍匐，高 0.3～5 米，枝条下垂。小枝绿色有四棱角，常呈拱形，纷披下垂。奇数羽状复叶，小叶 3～5 枚，小叶呈椭圆状卵形，边缘有细毛；花单生于去年生小枝的叶腋，有绿色苞片，花冠 6 裂片，黄色，于早春 2—3 月先叶开花，故名迎春花。

【分布与习性】产于我国甘肃、陕西、四川、云南西北部、西藏东南部。生于山坡灌丛中，海拔 800～2000 米。中国及世界各地普遍栽培。喜温暖湿润和充足阳光，怕积水，稍耐荫，较耐旱，以排水良好、肥沃的酸性砂质壤土最好。

【水土保持功能】根部萌发力强，枝条着地部分极易生根，耐旱且适应性强，广泛用于公路边坡防护，水土保持功能较强。

【资源利用价值】迎春枝条披垂，冬末至早春先花后叶，花色金黄，叶丛翠绿。在园林绿化中宜配置在湖边、溪畔、桥头、墙隅，在草坪、林缘、坡地及房屋周围也可栽植，可供早春观花。

六月雪

Serissa japonica （Thunb.） Thunb.，又名满天星、白马骨、碎叶冬青

【科属名称】茜草科 六月雪属

【形态特征】常绿或半常绿丛生灌木，高不到1米，叶对生或簇生，卵形或狭椭圆形，全缘。花白色或带紫晕，单生或多朵簇生，花冠漏斗状，长0.7厘米，花期5—7月。

【分布与习性】分布于华东、中南、华南及贵州、四川、云南等地。生于山坡、路旁、溪边，常见栽培。性喜阳光，也较耐荫，在华南地区为常绿，西南地区为半常绿。耐旱力强，对土壤要求不严。盆栽宜用含腐殖质、疏松肥沃、通透性强的微酸性、湿润培养土，生长良好。

【水土保持功能及应用】花盛开时宛如满树雪花，雅洁可爱，对土壤要求不严，耐旱力强，具有一定的水土保持功能。全株味苦、微甘，性凉，可入药。

栀子

Gardenia jasminoides **Ellis**，又名黄栀子、山栀

【科属名称】茜草科 栀子属

【形态特征】灌木，高 0.3～3 米；叶对生或轮生，革质，稀为纸质；花芳香，通常单朵生于枝顶，冠白色或乳黄色，果卵形、近球形、椭圆形或长圆形，黄色或橙红色，长 1.5～7 厘米，直径 1.2～2 厘米，有翅状纵棱 5～9 条。花期 3—7 月，果期 5 月至次年 2 月。

【分布与习性】产于山东、江苏、安徽、浙江、江西、福建、台湾、湖北、湖南、广东、香港、广西、海南、四川、贵州和云南，河北、陕西和甘肃有栽培。性喜温暖湿润气候，好阳光但又不能经受强烈阳光照射，适宜生长在疏松、肥沃、排水良好、轻黏性酸性土壤中，抗有害气体能力强，萌芽力强，耐修剪。

【水土保持功能】叶终年常绿，繁茂旺盛，覆盖度很高，花朵白色芳香，是很好的园林观赏植物。栀子耐寒，较耐旱，抗有害气体能力强，萌芽力强，耐修剪，具有很好的水土保持效果，并且是典型的酸性土壤指示花卉。

【资源利用价值】花大而美丽、芳香，广植于庭园供观赏。干燥成熟果实是常用中药，能清热利尿、泻火除烦、凉血解毒、散瘀。叶、花、根亦可入药。从成熟果实中提取的栀子黄色素在民间用作染料，在化妆品工业中用作天然着色剂原料。栀子黄色素又是一种品质优良的天然食品色素，没有人工合成色素的副作用，且具有一定的医疗效果；着色力强，颜色鲜艳，具有耐光、耐热、耐酸碱性、无异味等特点，可广泛应用于糕点、糖果、饮料等食品的着色上。栀子花可提制芳香浸膏，用于多种花香型化妆品和香皂香精的调合剂。在我国广泛种植，全国种植面积约 20 多万亩，其中湖南、江西两省最多，且栀子的质量最好。

臭牡丹

Clerodendrum bungei Steud. ，又名臭枫根、矮桐子、臭梧桐

【科属名称】马鞭草科 大青属

【形态特征】灌木，高1~2米，叶片纸质，宽卵形或卵形，长8~20厘米，宽5~15厘米；伞房状聚伞花序顶生，密集，花冠淡红色、红色或紫红色；核果近球形，径0.6~1.2厘米，成熟时蓝黑色，花果期5—11月。

【分布与习性】产于华北、西北、西南以及江苏、安徽、浙江、江西、湖南、湖北、广西。生于海拔2500米以下的山坡、林缘、沟谷、路旁、灌丛润湿处。喜阳光充足和湿润环境，适应性强，耐寒耐旱，也较耐荫，宜在肥沃、疏松的腐叶土中生长。

【水土保持功能】叶色浓绿，花朵优美，花期长，是一种非常美丽的园林花卉。适宜栽于坡地、林下或树丛旁。由于它繁殖快、萌蘖力强，很快形成群落，根系十分发达，在地下形成密集的根群，是优良的水土保持植物，用于护坡、改良土壤。

【资源利用价值】全株可入药，具有祛风除湿、解毒散淤之效。

紫珠

Callicarpa bodinieri Levl.

【科属名称】马鞭草科 紫珠属

【形态特征】灌木，高约 2 米，叶片卵状长椭圆形至椭圆形，聚伞花序，花冠紫色，果实球形，熟时紫色，花期 6—7 月，果期 8—11 月。

【分布与习性】生于海拔 200～2300 米的林中、林缘及灌丛中。亚热带植物，喜温、喜湿、怕风、怕旱，适宜气候条件为年平均温度 15～25℃，年降雨量 1000～1800 毫米，土壤以红黄壤为好，在阴凉的环境生长较好；常与马尾松、油茶、毛竹、山竹、映山红、尖叶山茶、山苍子、芭茅、枫香等混生；不耐涝，雨季要注意排水，干旱季节灌水能有效提高产量。

【水土保持功能及应用】对土壤要求不严，栽培管理粗放，具一定水土保持价值。此外，是一种既可观花又能赏果的优良花卉品种，可植于城市公园、郊野公园、湿地周边，具有野趣。亦可盆栽，果穗还可瓶插或做切花材料；根或全株入药。

金粟兰

Chloranthus spicatus（Thunb.）Makino

【科属名称】金粟兰科 金粟兰属

【形态特征】半灌木，直立或稍平卧，高 30～60 厘米；叶对生，厚纸质，边缘具圆齿状锯齿，腹面深绿色，光亮，背面淡黄绿色；穗状花序排列成圆锥花序状，通常顶生，花小，黄绿色，极芳香，花期 4—7 月。

【分布与习性】产于云南、四川、贵州、福建、广东。生于山坡、沟谷密林下，海拔 150～990 米，野生者较少见，现各地多为栽培；喜高温、阴湿，忌霜雪冰冻。性喜散射光，忌强光暴晒，一般以透光度 30% 为宜，植株则生长健壮、根系发达、开花繁茂；光照过弱则植株易徒长，发育也不好。

【水土保持功能及应用】植株生长健壮、根系发达，能有效固持土壤，叶片大而浓密，能很好覆盖地面，防止雨水击溅和径流冲蚀。开花繁茂，株形美观，可做观赏用，且花香清雅、醇和、耐久，有醒神消倦之效，夏季开花，可持续 50～70 天，适合学校、医院等单位和矿区绿化。花和根状茎可提取芳香油，鲜花极香，常用于熏茶叶。

紫薇

Lagerstroemia indica L.，又名痒痒树、百日红、无皮树

【科属名称】千屈菜科 紫薇属

【形态特征】落叶灌木或小乔木，高可达7米；树皮平滑，灰色或灰褐色；枝干多扭曲，小枝纤细，叶互生或有时对生，纸质，椭圆形、阔矩圆形或倒卵形，花色玫红、大红、深粉红、淡红色或紫色、白色，直径3～4厘米，常组成7～20厘米的顶生圆锥花序；蒴果椭圆状球形或阔椭圆形，长1～1.3厘米，花期6—9月。

【分布与习性】华北、华中、华南及西南地区均有生长或栽培。紫薇喜光，略耐荫，喜肥，尤喜深厚肥沃的砂质壤土，忌涝。性喜温暖，也能抗寒，不论钙质土或酸性土都生长良好。

【水土保持功能及应用】耐干旱，抗寒，萌蘖性强，忌涝，具有较强的抗污染能力，对二氧化硫、氟化氢及氯气的抗性较强，不论钙质土或酸性土都生长良好，具有一定的水土保持效果。花色鲜艳美丽，花期长，寿命长，是很好的园林观赏植物。

萼距花

Cuphea hookeriana Walp.

【科属名称】千屈菜科 萼距花属

【形态特征】灌木或亚灌木状，高 30～70 厘米。叶薄革质，披针形或卵状披针形。花单生于叶柄之间或近腋生，组成少花的总状花序，花瓣 6，其中上方 2 枚特大而显著，矩圆形，深紫色，波状，具爪，其余 4 枚极小，锥形，有时消失，盛花期在夏季。

【分布与习性】北至北京，长江流域以南均有引种。耐热，喜高温，不耐寒。喜光，也能耐半荫，在全日照、半日照条件下均能正常生长。生长快，萌芽力强，耐修剪。喜排水良好的砂质土壤。

【水土保持功能及应用】萼距花紫色高雅，花期全年不断，是少有的开花期很长的露地花卉，且开花时犹如繁星点点，有极佳的美化效果。植株低矮，分枝多，生长迅速，覆盖能力强，具有生态恢复的功能；萼距花抗性和适应性强，生长健壮，少有病虫害，管理简便粗放，是优良的水土保持和园林绿化植物，亦是优良的蜜源植物。

菝葜

Smilax china L.

【科属名称】百合科 菝葜属

【形态特征】攀援灌木；根状茎粗厚，坚硬，为不规则的块状；茎长1～3米，少数可达5米，疏生刺。叶薄革质或坚纸质，干后通常红褐色或近古铜色。伞形花序生于叶尚幼嫩的小枝上，具十几朵或更多的花，常呈球形，花绿黄色。浆果直径6～15毫米，熟时红色，有粉霜。花期2—5月，果期9—11月。

【分布与习性】产于山东（山东半岛）、江苏、浙江、福建、台湾、江西、安徽（南部）、河南、湖北、四川（中部至东部）、云南（南部）、贵州、湖南、广西和广东（海南岛除外）。生于海拔2000米以下的林下、灌丛中、路旁、河谷或山坡上。耐旱、喜光，稍耐阴。

【水土保持功能】根状茎粗厚，叶圆形或卵形，叶色亮绿，果色红艳，可用于攀附岩石、假山，也可做地面覆盖。耐旱、喜光也耐荫，耐瘠薄，生长力极强，具有一定的观赏性和水土保持功能。

藤木篇

黑老虎

Kadsura coccinea (Lem.) A. C. Smith ,又名酒饭团、糯饭团

【科属名称】木兰科 南五味子属

【形态特征】藤本，全株无毛。叶革质，长圆形至卵状披针形，长7～18厘米，宽3～8厘米，花单生于叶腋，稀成对，雌雄异株；聚合果近球形，红色或暗紫色，径6～10厘米或更大；花期4—7月，果期7—11月。

【分布与习性】产于江西、湖南、广东及香港、海南、广西、四川、贵州、云南。生于海拔1500～2000米的林中。对土壤要求不严，但以偏酸性的沙壤最适宜，喜温暖气候，不耐干旱。

【水土保持功能】茎叶一年四季青绿，藤本，是观赏、盆景、发展观光农业的良好苗木，被誉为天下奇果。果大有光泽，表纹像菠萝，垂吊如灯笼；成熟为深红，色艳如花，珍奇可爱。集食用、观赏、美化、绿化及药用功能于一体，是21世纪最具开发价值的第三代水果珍品之一。抗逆性强，耐低温，抗高温，是立体绿化的优良材料。

【资源利用价值】根药用，能行气活血，消肿止痛，治胃病，风湿骨痛，跌打瘀痛，并为妇科常用药。果成熟后味甜，可食。

云实

Caesalpinia decapetala（Roth）Alston，又名马豆、水皂角、天豆、药王子、铁场豆

【科属名称】豆科 云实属

【形态特征】落叶攀援藤木。匍匐或攀援生长，多丛生数主干，树皮暗红色，老皮灰褐色，二回羽状复叶互生，总状花序顶生，花黄色，花期4—5月，常于10—11月期间有二次开花，且花量大，花色鲜艳。

【分布与习性】主要产于长江流域及以南地区；适应性极强，耐旱，耐瘠薄。

【水土保持功能】具有良好的水土保持功能；生长旺盛，又有攀援力，可垂直绿化，也可用于荒沟边坡固土护坡，花色金黄，艳丽可赏。

【资源利用价值】种子可入药，具有解毒除湿、止咳化痰、杀虫之功效，用于痢疾、疟疾、慢性气管炎、小儿疳积、虫积等症。

龙须藤

Bauhinia championii（Benth.）Benth.

【科属名称】豆科 羊蹄甲属

【形态特征】藤本，有卷须。叶纸质，卵形或心形，先端锐渐尖、圆钝、微凹或 2 裂，裂片长度不一；花瓣白色。荚果倒卵状长圆形或带状，扁平。花期 6—10 月，果期 7—12 月。

【分布与习性】产于浙江、台湾、福建、广东、广西、江西、湖南、湖北和贵州。生于中低海拔的丘陵灌丛或山地疏林和密林中。喜光照，较耐荫，适应性强，尚未由人工引种栽培。

【水土保持功能】有卷须多攀爬，适应性强，耐干旱瘠薄，根系发达，穿透力强，在丘陵灌丛或山地疏林和密林中均能生长，很快覆盖地面，郁闭度高，适宜长江流域以南地区，用作绿篱、墙垣、棚架、假山等处攀援、悬垂绿化材料。

【资源利用价值】木材茶褐色，纹理细，称为"菊花木"。为我国少数民族的特色药，药理作用广泛，尤以抗炎镇痛方面的疗效为著。

葛藤

Pueraria lobata（Willd.）Ohwi

【科属名称】豆科 葛属

【形态特征】粗壮藤本，长可达 8 米，有粗厚的块状根；羽状复叶具 3 小叶，小叶 3 裂，偶尔全缘；总状花序长 15～30 厘米，花瓣紫色，花期 9—10 月。

【分布与习性】除新疆、青海及西藏外，分布几遍全国。主产于广东北部，湖北、江苏、江西、河南等地，对气候的要求不严，适应性较强，多分布于海拔 1700 米以下较温暖潮湿的坡地、沟谷、向阳矮小灌木丛中。耐酸性强，土壤在 pH 值为 4.5 时仍能生长，耐旱耐寒，以土层深厚、疏松、富含腐殖质的砂质壤土为佳。

【水土保持功能】易生易长，是良好的地被植物，由于枝叶繁密，枯枝落叶量大，改良土壤作用强，能拦蓄地表径流，防治土壤侵蚀。葛藤扎根深，根茎发达，特别适用于荒坡土地的开发利用，是优良的水土保持、改良土壤的植物之一。

【资源利用价值】茎皮纤维供织布和造纸用；根的淀粉含量较高，可达 40％左右，提取后可供食用，是传统的保健食品，有生津止渴，解酒醒酒，治脾胃虚弱的功效。葛花清凉解毒、消炎去肿，可入药。

忍冬

Lonicera japonica Thunb.，又名金银花

【科属名称】忍冬科　忍冬属

【形态特征】半常绿藤本，长可达 9 米，枝细长中空，花成对腋生，初开白色，后转黄色，芳香。浆果球形，黑色，花期 5—7 月，果期 8—10 月。

【分布与习性】我国南北各地均有分布，喜光、耐荫、耐寒、耐旱及水湿，对土壤要求不严，酸碱土壤均能生长。性强健，适应性强。

【水土保持功能】根系发达，须根多，萌蘖能力强，茎着地即能生根，且茎叶密度大，郁闭覆盖能力强，且有强大的护坡、固土、保水和持水能力，是优良的水土保持植物。

【资源利用价值】植株轻盈，花先白后黄，芳香，是色香具备的藤本植物，是垂直绿化的优良植物；花蕾、茎枝可入药；也是优良的蜜源植物。

黄毛猕猴桃

Actinidia fulvicoma Hance ,俗称猫卵子

【科属名称】猕猴桃科 猕猴桃属

【形态特征】中型半常绿藤本；着花小枝一般长 10～15 厘米，径约 3 毫米，密被黄褐色绵毛或锈色长硬毛，髓白色，片层状。叶纸质至亚革质，卵形、阔卵形、长卵形至披针状长卵形或卵状长圆形，长 8～18 厘米，宽 4.5～10 厘米。聚伞花序密被黄褐色绵毛，通常 3 花。果卵珠形至卵状圆柱形，幼时被绒毛，成熟后秃净，暗绿色，长约 1.5～2 厘米，具斑点。花期 5 月中旬至 6 月下旬，果熟期 11 月中旬。

【分布与习性】产于广东中部至北部、湖南及江西的南部。生于海拔130～400 米山地疏林中或灌丛中，或山沟溪流旁，多攀援在阔叶树上。喜凉爽、湿润的气候。

【水土保持功能和应用】生长旺盛，体强株壮，较为耐旱，果实风味甚佳，属于良好的水土保持和经济相结合的植物品种，果实富含维生素 C，具有营养、保健等功能，目前在试种植阶段。

大果俞藤

Yua austro-orientalis（Metcalf）C. L. Li，又名东南爬山虎，复叶葡萄

【科属名称】葡萄科 俞藤属

【形态特征】木质藤本。卷须 2 叉分枝，与叶对生。叶为掌状 5 小叶，叶片较厚，亚革质，上面绿色，无毛，下面淡绿色，无毛，常有白粉，果实圆球形，直径 1.5～2.5 厘米，紫红色，味酸甜，果期 10—12 月。

【分布】产于江西、福建、广东、广西。生于山坡沟谷林中或林缘灌木丛，攀援树上或铺散在岩边或山坡野地，海拔 100～900 米。

【水土保持功能】攀爬能力强，生长快，能迅速覆盖地面或廊架。叶为掌状 5 小叶，叶片较厚，果实圆球形，紫红色，味酸甜，但果肉含黏液，多食会刺激喉咙，有痒痛之感，具有一定的观赏价值和水土保持作用。

络石

Trachelospermum jasminoides（Lindl.）Lem.，又名万字花，万字茉莉

【科属名称】夹竹桃科 络石属

【形态特征】常绿木质藤本植物，茎有气生根。常攀援在树木、岩石墙垣上生长；叶椭圆形或长圆状披针形；花序腋生，花冠白色有香气，夏季4—6月开白色花。

【分布与习性】河北南部，山东、河南、陕西及长江流域以南各地有分布。喜光，稍耐荫、耐旱，耐水淹能力也很强，耐寒性强，耐贫瘠，萌蘖力强，耐修剪。

【水土保持功能及应用】适应性极强，对土壤要求不严，根系发达，抗污染能力强，对二氧化硫、硫化氢、氟化物及汽车尾气等有较强抗性，对粉尘的吸滞能力强，能使空气得到净化；生长快、耐贫瘠，萌蘖力强，是良好的水土保持植物。络石四季常青，花洁白如雪，形如风车，幽香袭人，根、茎、叶、果实供药用，具有较高的观赏和药用价值。

钩藤

Uncaria rhynchophylla （Miq.）Miq. ex Havil.

【科属名称】茜草科 钩藤属

【形态特征】藤本；嫩枝较纤细，方柱形或略有4棱角。叶纸质，椭圆形或椭圆状长圆形，长5~12厘米，宽3~7厘米，两面均无毛，干时褐色或红褐色，下面有时有白粉。头状花序不计花冠直径5~8毫米，单生叶腋。果序直径10~12毫米；小蒴果长5~6毫米。花、果期5—12月。

【分布与习性】产于广东、广西、云南、贵州、福建、湖南、湖北及江西南部。常生于山谷溪边的疏林或灌丛中。喜温暖、湿润、光照充足的环境，在土层深厚、肥沃疏松、排水良好的土壤上生长良好。

【水土保持功能】适应性强，对土壤要求不严，在一般土壤中能正常生长，钩藤地下根粗壮发达，用作攀援植物，是垂直绿化的好材料。枝叶茂盛的绿化屏障使人赏心悦目，美化环境。

【资源利用价值】具有很高的药用价值，有镇静、降压作用，可治疗心脑血管疾病。钩藤种植投资少，易管理，经济寿命长，不占用农田，是一项适合农村群众选择发展的好产业，能促进农村经济发展、农民增收。

凌霄花

Campsis grandiflora（Thunb.）Schum.

【科属名称】紫葳科 凌霄属

【形态特征】落叶藤本，树皮灰褐色，呈细条状纵裂。小枝紫褐色，具有吸根。羽状复叶对生，花较大，由疏松顶生聚伞状花序集成圆锥花序，花冠漏斗状钟形，外面橘红色，里面鲜红色，花期5—7月。

【分布与习性】原产于我国中部，现全国各地普遍栽培。喜充足阳光，也耐半荫。适应性较强，耐寒、耐旱、耐瘠薄，病虫害较少，以排水良好、疏松的中性土壤为宜，忌酸性土。忌积涝、湿热，一般不需要多浇水。

【水土保持功能】耐干旱，萌蘖力强，是优良的水土保持先锋植物。耐修剪，花大色艳，花期长，是优良的攀援绿化材料，在园林中常用于棚架、花廊、门洞、假山的绿化，依靠其吸根攀附生长。

威灵仙

Clematis chinensis Osbeck

【科属名称】毛茛科 铁线莲属

【形态特征】多年生木质藤本。一回羽状复叶有 5 小叶，有时 3 或 7，常为圆锥状聚伞花序，多花，腋生或顶生；白色，花期 6—9 月。

【分布与习性】分布于云南南部、贵州（海拔 150～1000 米）、四川（500～1500 米）、陕西南部（1000 米以下）、广西（160～1000 米）、广东、湖南（80～700 米）、湖北、河南、福建、台湾、江西（140～700 米）、浙江、江苏南部（140～320 米）。生于山坡、山谷灌丛中或沟边、路旁草丛中。威灵仙野生于富含腐殖质的山坡、林缘或灌木丛中，以采伐迹地、稀疏林下及沟谷旁生长较多。对气候、土壤要求不严，但以凉爽、湿润的气候和富含腐殖质的山地棕壤土或砂质壤土为佳。过于低洼、易涝或干旱的地块生长不良。

【水土保持功能及应用】须根多数丛生，细长，根茎部潜伏芽较多，主芽被破坏之后，潜伏芽便迅速萌发出土，主茎生长点受破坏停止生长后，可再从叶腋生出侧枝继续生长，生长非常强健，是一种优良的水土保持植物。根可入药，全株可用作农药。

三叶木通

Akebia trifoliata （Thunb.）Koidz.，又名拿藤、爆肚拿、八月瓜、八月炸

【科属名称】木通科 木通属

【形态特征】落叶木质缠绕类藤本。掌状复叶，叶薄革质或纸质。总状花序腋生，果实肉质，长椭圆形，成熟时淡黄色或淡粉紫色，种子长7毫米。花期4月，果期8月。

【分布与习性】产于河北、山西、山东、河南、陕西南部、甘肃东南部至长江流域各地区。生于海拔250～2000米的山地沟谷边疏林或丘陵灌丛中。性喜温暖、湿润气候，耐荫，较耐寒，适应性强，在肥沃、排水良好的土壤中生长更好。

【水土保持功能】属乡土藤本植物，适应性强，是良好的植被恢复素材，具有显著的水土保持效益。花、叶、果都具有观赏性，常做棚架或围墙篱笆的垂直绿化用材，或做林下地被。

【资源利用价值】根、茎和果均入药，利尿、通乳，有舒筋活络之效，治风湿关节痛；果可食用及酿酒；种子可榨油，具有显著的经济价值。

尾叶那藤

Stauntonia obovatifoliola Hayata subsp. *urophylla* （Hand. -Mazz.） H. N. Qin

【科属名称】木通科 野木瓜属

【形态特征】木质藤本。茎、枝和叶柄具细线纹。掌状复叶有小叶 5～7 片；叶柄纤细，长 3～8 厘米；小叶革质，倒卵形或阔匙形。总状花序数个簇生于叶腋，每个花序有 3～5 朵淡黄绿色的花。果长圆形或椭圆形。花期 4 月，果期 6—7 月。

【分布与习性】产于福建、广东、广西、江西、湖南、浙江。适应性强，对土壤不苛求，在一般土壤上都能生长，但以疏松、肥沃、排水良好的微酸性至中性砂质壤土和壤土上栽培最好，也适合于荒山和庭院种植。喜生于阳光充足、温暖湿润的土壤环境。

【水土保持功能】适应性强，能够固持水土、涵养水源等，也适于荒山和庭院种植，抗病虫害能力极强，可作为水土保持植物。

山蒟

Piper hancei Maxim.

【科属名称】胡椒科 胡椒属

【形态特征】攀援藤本，长可至 10 余米；茎、枝具细纵纹，节上生根。叶纸质或近革质，卵状披针形或椭圆形，长 6～12 厘米，宽 2.5～4.5 厘米。花单性，雌雄异株，聚集成与叶对生的穗状花序。浆果球形，黄色，直径 2.5～3 毫米。

【分布与习性】产于浙江、福建、江西南部、湖南南部、广东、广西、贵州南部及云南东南部。生于山地溪涧边、密林或疏林中，攀援于树上或石上。性喜高温、潮湿、静风的环境，宜选结构良好、易于排水、土层深厚、较为肥沃、微酸性或中性的砂质壤土种植为佳。

【水土保持功能】山蒟节上生根，根系发达，根系形成网络，具有较好的固持表土的作用，匍匐或攀援于树上或石上，叶片繁茂，生长强健，能较快覆盖地表，缓解雨滴及径流冲击地面，且叶片亮绿，是一种待开发的较好的地被植物。

草本篇

蛇莓

Duchesnea indica（Andr.）Focke，又名蛇泡草、龙吐珠、蛇葡萄、野草莓、地莓

【科属名称】蔷薇科 蛇莓属

【形态特征】多年生草本；根茎短，粗壮；匍匐茎多数，长 30～100 厘米，有柔毛。小叶片倒卵形至菱状长圆形，花单生于叶腋；花托在果期膨大，海绵质，鲜红色，有光泽。花期 6—8 月，果期 8—10 月。

【分布与习性】产于辽宁以南各地区。生于山坡、河岸、草地、潮湿的地方，海拔 1800 米以下。喜荫凉、温暖湿润、耐寒、不耐旱、不耐水渍。对土壤要求不严，田园土、砂质壤土、中性土均能生长良好，宜于疏松、湿润的砂质壤土生长。

【水土保持功能】蛇莓的匍匐茎分株能力强，叶片繁茂，可很好地覆盖地面；适应能力强，抗性强，对环境和土壤要求不严格，生长迅速；是优良的观赏植物，春季赏花，夏季观果；具有春季返青早、耐荫、绿色期长等特点，是不可多得的优良地被植物、水土保持植物。全株可入药。

白车轴草

Trifolium repens **L.**，又名白三叶草

【科属名称】豆科 车轴草属

【形态特征】短期多年生草本，生长期达 5 年，高 10～30 厘米。主根短，侧根和须根发达。茎匍匐蔓生，上部稍上升，节上生根。三出复叶互生；叶柄较长，长 10～30 厘米；小叶倒卵形至近圆形，先端凹头至钝圆，叶面多有 V 形白斑，叶面光滑，叶缘有细锯齿。头型总状花序，球形，由 40～100 多个小花组成，小花白色，也有带粉红色的，花果期 5—10 月。

【分布与习性】我国南北方都有种植，在中亚热带、暖温带分布较广，东北到西南各地都发现野生种。喜温暖湿润气候，耐热和耐寒性强，较耐荫，耐瘠薄，不耐干旱。

【水土保持功能】侧根及不定根发达，能较好固持土壤，根瘤可有效提高土壤肥力。叶片茂盛密实，迅速覆盖地表，能很好地防止雨滴对表土的击溅作用，具有较好的水土保持效果。茎节再生蔓延能力强，耐重牧、践踏，是垦荒地上的先锋植物。

【资源利用价值】白车轴草为优良牧草，含丰富的蛋白质和矿物质，抗寒耐热，在酸性和碱性土壤上均能适应，可作为绿肥、堤岸防护草种、草坪装饰，以及蜜源和药材等用。

千斤拔

Flemingia philippinensis Merr. et Rolfe

【科属名称】豆科 千斤拔属

【特征与分布】多年生宿根性藤状草本植物，高 50 厘米左右，常生于海拔 50～300 米的平地旷野或山坡、路旁、草地上。

【水土保持功能】对土质气候要求不严，适应性广、抗病、抗虫、耐旱、耐寒，在贫瘠的荒坡旱地能粗生易长，管理粗放，技术要求低，是非常优良的水土保持植物。

【资源利用价值】药食两用的重要中药材，人工种植市场潜力大，发展前景十分广阔。

紫花地丁

Viola philippica

【科属名称】董菜科 董菜属

【形态特征】多年生草本，无地上茎，高 4～14 厘米，果期高可达 20 余厘米，叶多数，基生，莲座状；叶片先端圆钝，基部截形或楔形，边缘具较平的圆齿，果期叶片增大。花中等大，紫堇色或淡紫色，稀呈白色，喉部色较淡并带有紫色条纹；蒴果长圆形，长 5～12 毫米，种子卵球形，淡黄色。花果期 4 月中下旬至 9 月。

【分布与习性】全国各地均有野生或人工栽培。性喜光，喜湿润的环境，耐阴、耐寒，不择土壤，适应性极强，繁殖容易。

【水土保持功能】花朵紫色艳丽，花量大，观赏性高；不择土壤，适应性极强，繁殖容易，是良好的水土保持植物；可大面积群植，也可作为花境或与其他早春花卉构成花丛。紫花地丁自繁殖能力强，按分株栽植法，在规划区内每隔 5 米栽植一片，种子成熟后不用采撷，任其随风洒落，自然繁殖，10 个月左右便可达到满意的成坪效果。

【资源利用价值】含有丰富的蛋白质、氨基酸及多种维生素，嫩叶可做野菜。同时全草具有药用价值，具有清热解毒、凉血消肿、清热利湿的作用。

三叶崖爬藤

Tetrastigma hemsleyanum Diels et Gilg

【科属名称】葡萄科 崖爬藤属

【形态特征】草质藤本。小枝纤细，卷须不分枝，相隔 2 节间断与叶对生。叶为 3 小叶；花序腋生，果实近球形或倒卵球形，直径约 0.6 厘米。

【分布与习性】产于江苏、浙江、江西、福建、台湾、广东、广西、湖北、湖南、四川、贵州、云南、西藏。生于山坡灌丛、山谷、溪边林下岩石缝中，海拔 300～1300 米。喜凉爽，耐荫，抗病，十分耐寒，耐旱，忌积水；土壤要求不严，以富含腐殖质或石灰质的土壤种植为好。

【水土保持功能及应用】可塑性强，阴湿的室外环境可铺地栽植，成活率、覆盖率很高，生长速度快，具有优良的水土保持功能。另可全株供药用，尤其块茎对小儿高烧有特效。

细辛

Asarum sieboldii **Miq.**

【科属名称】马兜铃科 细辛属

【特征与习性】多年生草本，根状茎直立或横走，直径2～3毫米，节间长1～2厘米，有多条须根；叶通常2枚，叶片心形或卵状心形，叶面疏生短毛，花紫黑色。生于海拔1200～2100米林下阴湿腐殖土中；喜冷凉、阴湿环境，耐严寒，宜在富含腐殖质的疏松肥沃的土壤中生长，忌强光与干旱。

【水土保持功能】根茎于地下横走，其节上着生须根，根系大部分分布在表土层内，可有效防止水土流失。

【资源利用价值】可全草入药。

蕺菜

Houttuynia cordata **Thunb.**，又名鱼腥草

【科属名称】三白草科 蕺菜属

【形态特征】多年生草本，有鱼腥味。叶片心形，托叶下部与叶柄合生成鞘状。穗状花序在枝顶端与叶互生，花小，两性，总苞片白色，花丝下部与子房合生，子房上位。蒴果卵圆形，花期4—7月。

【分布与习性】产于我国中部、东南至西南部各地区，东起台湾，西南至云南、西藏，北达陕西、甘肃。生于沟边、溪边或林下湿地上，多见于果园、茶园、路埂等。阴生植物，怕强光，喜温暖潮湿环境，较耐寒，－15℃可越冬，忌干旱，以肥沃的砂质壤土或腐殖质壤土生长最好。

【水土保持功能】茎下部伏地，且节上轮生小根，根系发达，能有效固持表土；枝叶繁茂，覆盖效果好，能较快实现地表覆盖，防止水土流失，常植于林下或沟边、溪边作为地被，具有良好的水土保持功能。

【资源利用价值】全株入药，有清热、解毒、利水之效，嫩根茎可食，我国西南地区人民常做蔬菜或调味品。

三白草

Saururus chinensis（Lour.）Baill.

【科属名称】三白草科 三白草属

【形态特征】湿生草本，高约 1 米；茎粗壮，有纵长粗棱和沟槽，下部伏地，常带白色，上部直立，绿色。叶纸质，密生腺点，上部的叶较小，茎顶端的 2～3 片于花期常为白色，呈花瓣状。花序白色，果近球形，直径约 3 毫米，表面多疣状凸起。花期 4—6 月。

【分布与习性】产于河北、山东、河南和长江流域及以南各地区。生于低湿沟边，塘边或溪旁。喜温暖湿润气候，耐荫，凡塘边、沟边、溪边等浅水处或低洼地均可栽培。

【水土保持功能及应用】耐水湿，茎粗壮，基部匍匐，节上生不定根。须根发达，生长迅速，能很快覆盖地表，具有较好的水土保持效果；茎顶端叶片花期常为白色，呈花瓣状，具有观赏性，全株可入药。

虎杖

Reynoutria japonica Houtt.

【科属名称】蓼科 虎杖属

【形态特征】多年生灌木状草本，高达 1 米以上。根茎横卧地下，木质，黄褐色，节明显。茎直立，圆柱形，丛生，中空，散生紫红色斑点。叶互生，叶片宽卵形或卵状椭圆形，长 6～12 厘米，宽 5～9 厘米，先端急尖，基部圆形或楔形。花单性，雌雄异株，成腋生圆锥花序。

【分布与习性】产于陕西南部、甘肃南部、华东、华中、华南、四川、云南及贵州；生于山坡灌丛、山谷、路旁、田边湿地，海拔 140～2000 米。喜温暖湿润气候，对土壤要求不十分严格，耐旱力、耐寒力较强。

【水土保持功能及应用】虎杖适应性强，根系很发达，而且根状茎亦粗壮发达，匍匐横走，枝叶茂密，覆盖度高，具有优良的水土保持功能。用途广泛，可用于园林绿化、药用及提取天然色素等。

平车前

Plantago depressa **Willd.** ，又名车前草、车茶草、蛤蟆叶

【科属名称】车前科 车前属

【形态特征】一年生或二年生草本。直根长，具多数侧根，多少肉质。根茎短。叶基生呈莲座状，平卧、斜展或直立；叶片纸质，花冠白色。

【分布与习性】我国各地均有分布，生于草地、河滩、沟边、草甸、田间及路旁。耐寒、耐旱，对土壤要求不严，在温暖、潮湿、向阳、砂质土壤上能生长良好。土壤以微酸性的砂质冲积壤土较好。

【水土保持功能及应用】直根长，具多数侧根，能有效固持土壤，叶基生呈莲座状，平卧、覆盖面积大，可防止径流对地表的冲刷，是优良的耐阴地被植物。同时具有药用和食用价值。

虎耳草

Saxifraga stolonifera Curt. ,又名金线吊芙蓉、老虎耳

【科属名称】虎耳草科 虎耳草属

【形态特征】多年生草本，高 8～45 厘米。鞭匐枝细长，基生叶具长柄，叶片近心形、肾形至扁圆形，长 1.5～7.5 厘米，宽 2～12 厘米，聚伞花序圆锥状，花果期 4—11 月。

【分布与习性】产于河北（小五台山）、陕西、甘肃东南部以及华中、华南、西南各地，生于海拔 400～4500 米的林下、灌丛、草甸和阴湿岩隙。喜阴凉潮湿，土壤要求肥沃、湿润，以茂密多湿的林下和阴凉潮湿的坎壁上较好。

【水土保持功能】鞭匐枝细长，须根发达，叶片具厚绒毛，且叶片繁茂，生长迅速，能很快覆盖地表，具有较好的水土保持效果。叶片常年翠绿，叶形可爱，带白色条纹，是良好的园林绿化及水土保持地被植物。

积雪草

Centella asiatica （L.）Urban，又名铜钱草、马蹄草、钱齿草

【科属名称】伞形科 积雪草属

【形态特征】多年生草本，茎匍匐，细长，节上生根。叶片膜质至草质，圆形、肾形或马蹄形，长1～2.8厘米，宽1.5～5厘米，边缘有钝锯齿；花瓣卵形，紫红色或乳白色；果实两侧扁压，圆球形。

【分布与习性】分布于我国多个地区。性喜温暖潮湿，栽培处以半日照或蔽阴处为佳，忌阳光直射，栽培土不拘，以松软、排水良好的栽培土为佳，或用水直接栽培。

【水土保持功能】强大的匍匐茎和根系可形成致密的地表覆盖，具有很强的再生能力，是一种优良的地被植物，可作为果园、茶园等经济林的林下生草。抗逆性强，喜湿也耐旱，适应性强，抗病虫害能力强，耐践踏，是良好的水土保持地被植物；叶片秀气美观，具有较高的绿化、美化和净化环境的价值。

【资源利用价值】野生食用蔬菜；全草可做保健茶，具有多种药用价值。

鸭儿芹

Cryptotaenia japonica **Hassk.**，又名鸭脚板

【科属名称】伞形科 鸭儿芹属

【形态特征】多年生草本，高 20～100 厘米。主根短，侧根多数，叶片轮廓三角形至广卵形，长 2～14 厘米，宽 3～17 厘米，通常为 3 小叶，中间小叶片呈菱状倒卵形或心形，顶端短尖，基部楔形；两侧小叶片斜倒卵形至长卵形，复伞形花序呈圆锥状，花期 4—5 月，果期 6—10 月。

【分布与习性】产于河北、安徽、江苏、浙江、福建、江西、山西、陕西、甘肃、四川、贵州、云南、湖南、湖北、广西、广东地区。通常生于海拔 200～2400 米的山地、山沟及林下较阴湿的地区。喜土壤肥沃、结构疏松，微酸性的立地条件，抗病虫害能力强。

【水土保持功能及应用】侧根发达，叶片繁茂，能迅速覆盖地表，且绿期长、耐荫耐涝性强，具有一定的水土保持功能，是优良的园林地被。全草入药，并可采摘嫩苗及嫩茎叶做蔬菜，具有特殊的芳香味，颜色翠绿，营养丰富，是日本重要的栽培蔬菜之一。

天胡荽

Hydrocotyle sibthorpioides **Lam.**

【科属名称】伞形科 天胡荽属

【形态特征】多年生草本，有气味。茎细长而匍匐，平铺地上成片，节上生根。叶片膜质至草质，圆形或肾圆形，小伞形花序有花5～18，果实略呈心形，成熟时有紫色斑点。花果期4—9月。

【分布与习性】产于安徽、浙江、江西、湖南、湖北、台湾、福建、广东、广西、四川等地。喜生于湿润的路旁、草地、河沟边、湖滩、溪谷及山地，海拔150～2500米。性喜温暖潮湿，栽培处以半日照或蔽阴处为佳，忌阳光直射，栽培土不拘，以松软、排水良好的栽培土为佳，不耐干旱和贫瘠。

【水土保持功能及应用】节上生根，匍匐茎枝和根系纵横交织、盘根错节形成的根结皮与致密的叶层结构都具有良好的固土涵水作用。适应性强，生性强健，种植容易，繁殖迅速。另可作观赏水草；全草可入药。

败酱

Patrinia scabiosaefolia **Fisch. ex Trev.** ,又名苦菜

【科属名称】败酱科 败酱属

【形态特征】多年生草本植物，高 30～100（～200）厘米；茎直立，基生叶片丛生，花时枯落，边缘具粗锯齿，上面暗绿色，背面淡绿色；花序为聚伞花序组成的大型伞房花序，顶生，花冠钟形，黄色，花期 7—9 月。

【分布与习性】分布很广，除宁夏、青海、新疆、西藏和广东、海南外，全国各地均有分布。常生于海拔（50～）400～2100（～2600）米的山坡林下、林缘和灌丛中以及路边、田埂边的草丛中。比较耐寒，田间栽培在 −6℃仍能正常生长，但以 20～30℃生长最适宜。喜湿不耐旱，根系发达，土壤保水透气需兼顾，否则不利于根系生长。耐荫，以林间坡地或背阴山垄田种植为佳，忌暴晒，夏季平原田块种植要搭建遮阳棚。以腐殖质丰富的壤土或砂质壤土为适。

【水土保持功能】根状茎横卧或斜生，节处生多数细根，根系发达，且生长迅速，覆盖度高，具有良好的水土保持作用。

【资源利用价值】根、茎均入药，有清热解毒、凉血的功效。幼苗嫩叶含有较高的粗蛋白质和较低量的粗纤维，微量元素丰富。山东、江西等地民间多采摘食用。

艾

Artemisia argyi Levl. et Van.，又名艾绒、艾蒿、野艾

【科属名称】菊科 蒿属

【形态特征】多年生草本或略成半灌木状，高 80～150 厘米，植株有浓烈香气。茎单生或少数，褐色或灰黄褐色，基部稍木质化，叶厚纸质，上面被灰白色短柔毛，头状花序椭圆形，花果期 9—10 月。

【分布与习性】分布广，除极干旱与高寒地区外，几乎遍及全国。喜湿润，忌干旱，怕渍水，光照要求充足。

【水土保持功能及应用】植株有浓烈香气，主根明显，粗长，侧根多；根系发达、覆盖度高，抗性强，分布范围广，属乡土草种，保土性能强，是较好的水土保持植物，且全草可入药。

马兰

Kalimeris indica （L.）Sch. -Bip.

【科属名称】菊科 马兰属

【形态特征】多年生宿根草本植物，植株矮小，丛生。根状茎有匍枝，有时具直根。高 30～70 厘米，头状花序单生，花瓣紫色，花期 5—9 月。

【水土保持功能】为田间常见野草；土壤适应性很强，耐旱耐涝，但以水利设施好、排灌方便的砂质壤土为宜，生活力强，具有较好的水土保持效果。

【资源利用价值】具有极高的药用和膳食价值。

红花酢浆草

Oxalis corymbosa DC.

【科属名称】酢浆草科 酢浆草属

【形态特征】植株丛生，高度 20～30 厘米。叶具有长柄，基生，三小叶复生，小叶倒心脏形。花瓣 5 枚，基部连合，花色玫瑰红或紫红色、粉红色，数朵构成伞房花序，4 月下旬开花，持续至 11 月上旬，其中 4—7 月和 9—11 月有两次盛花期，盛夏 8 月植株处于半休眠状态，少花。

【分布与习性】长江以北各地作为观赏植物引入，南方各地已逸为野生。生于低海拔的山地、路旁、荒地或水田中。喜日照充足、湿润的环境，阳光不足处开花量减少。对土壤适应性较强，一般园土均可生长，但在腐殖质丰富的砂质壤土中生长旺盛。花、叶对光敏感，白天和晴天开放，晚上及阴雨天闭合。

【水土保持功能及应用】对土壤适应性较强，容易成活，长势强劲，覆盖地面迅速，又能抑制杂草生长，具有较好的水土保持功能；且植株低矮整齐，花多叶繁，花期长，花色艳丽，是很好的园林观赏植物。

薄荷

Mentha haplocalyx Briq.

【科属名称】唇形科 薄荷属

【形态特征】多年生草本。茎直立，高 30～60 厘米，下部数节具纤细的须根及水平匍匐根状茎，叶片长圆状披针形、椭圆形或卵状披针形，长 3～5（～7）厘米，宽 0.8～3 厘米，有粗大的牙齿状锯齿。轮伞花序腋生，小坚果卵珠形，黄褐色，花期 7—9 月，果期 10 月。

【分布与习性】产于我国南北各地；生于水旁潮湿地，海拔可高达 3500 米。长日照作物，性喜阳光。日照长，可促进薄荷开花，且利于薄荷油、薄荷脑的积累。对土壤的要求不严，除过砂、过黏、酸碱度过重及低洼排水不良的土壤外，一般土壤均能种植，以砂质壤土、冲积土为宜。

【水土保持功能及应用】薄荷对环境条件适应能力较强，其根茎宿存越冬，能耐—15℃低温；地下茎和须根入土深，分枝能力和抗逆性强，能迅速覆盖地表，是优良的水土保持草本植物。具有医用和食用双重功能，幼嫩茎尖可做菜食，全草可入药。

紫竹梅

Setcreasea purpurea Boom.

【科属名称】鸭跖草科 鸭跖草属

【形态特征】多年生草本植物，植株高30厘米，茎多分枝，紫红色，节上常生须根，叶片互生，长圆形，先端渐尖，上面暗绿色，边缘绿紫色，下面紫红色。小花粉色，夏秋开花。

【分布与习性】我国各地都有栽培。喜温暖、湿润，不耐寒，忌阳光暴晒，喜半荫，对干旱有较强的适应能力。

【水土保持功能及应用】茎呈半蔓性，呈地被匍匐状，枝叶繁茂，能迅速铺满地表，具有一定的水土保持效果。春夏季开花，花色桃红，在日照充分的条件下花量较大，整个植株全年呈紫红色，枝或蔓或垂，特色鲜明，具有较高的观赏价值。紫竹梅是风景区的典型彩色叶植物，主要用为林地的地被植物。

阳荷

Zingiber striolatum Diels

【科属名称】姜科 姜属

【形态特征】多年生草本，株高1～1.5米；根茎白色，微有芳香味。叶片披针形或椭圆状披针形，花序近卵形，苞片红色，宽卵形或椭圆形，蒴果内果皮红色；种子黑色，7—9月开花；9—11月结果。

【分布与习性】生于林荫下、溪边，喜肥沃、疏松、湿润、凉爽环境，较耐荫，不耐高温与强光。大面积种植阳荷，最好选择降雨充沛、云雾较多、夏季凉爽、土壤有机质含量较高的山地和丘陵区。

【水土保持功能】阳荷生命力极强，基本上无病虫害，且观赏效果极佳，叶片披针形，碧叶婆娑，葳蕤成丛。秋季，其根茎处会涌现出硕大的紫红色蕾果，开裂时妖艳妩媚、芬芳怡人，犹如奇花绽放。阳荷姿态优美，可用于城市园林、城市水保的绿化、装饰点缀，尤其适宜庭院种植及盆栽观赏，野趣横生。

【资源利用价值】全棵具有独特的香味，枝叶、根茎、花果可以祛风止痛、清肿解毒、止咳平喘、化积健胃，具有极好的药用价值，尤其对治疗便秘、糖尿病有特效。嫩芽、茎果味道鲜美，含有丰富的维生素、多种氨基酸以及膳食纤维，是名贵的"山珍"。嫩芽、红色花苞、花朵及其地下根茎均可食用，能够强身健体、润泽肤色、延缓衰老。根茎可提取芳香油。

山姜

Alpinia japonica （Thunb.）Miq.

【科属名称】姜科 山姜属

【形态特征】多年生草本植物，株高 35～70 厘米。根茎横生，分枝。叶片近无柄，叶舌 2 裂；总状花序顶生，花冠白色而具红色脉纹，果球形或椭圆形，熟时橙红色，种子多角形，有樟脑味。花期 4—8 月，果期 7—12 月。

【分布与习性】产于我国东南部、南部至西南部各地，生于林下阴湿处，喜温暖湿润环境。

【水土保持功能】具横生、分枝的根茎，能有效保护表土，防止地表径流冲刷，而且叶片成丛茂密开展，郁闭效果好，抗病虫害能力强，而且观赏效果极佳，是城市水土保持的优良植物。

【资源利用价值】具有极高的观赏价值，其叶大色绿，四季常青，其花、果实鲜红，果期长达 4～5 个月，十分艳丽，是一种很好的观花、观果植物。山姜性喜散射光，亦耐半荫，具有较为广泛的园林应用，可群栽，也可配置于树荫下、路旁、开花地被间、山石周围等。花、果实、茎可入药。

天门冬

Asparagus cochinchinensis （Lour.）Merr.

【科属名称】百合科 天门冬属

【特征与习性】多年生草本，攀援性状，根在中部或近末端成纺锤状膨大，膨大部分长 3～5 厘米，粗 1～2 厘米，茎基部簇生须根。生于海拔 1750 米以下的山坡、路旁、疏林下、山谷或荒地上，喜阴，怕强光，喜温暖，不耐严寒，忌高温；在土层深厚、疏松肥沃、湿润且排水良好的砂质壤土（黑砂土）或腐殖质丰富的土中生长良好。

【水土保持功能】块根发达，入土深达 50 厘米，具有一定的固土效果。形态婆娑，枝叶繁茂，红果可爱，观赏价值极高，是常见的园林绿化植物。

【资源利用价值】块根可入药。

牛尾菜

Smilax riparia A. DC.

【科属名称】百合科 菝葜属

【特征与习性】多年生草质藤本，具短根状茎，其上生有多数细长的不定根；主要生于林下、灌丛或草丛中，喜阴湿，对土壤条件要求不严格，喜有机质丰富的腐殖质土壤（pH 值为 6.5）。

【水土保持功能】具短根状茎，其上生有多数细长的不定根，可固持土壤、防止水土流失；对土壤条件要求不严格，适应性强，是较好的水土保持草本植物。

【资源利用价值】嫩苗可供蔬食；根茎可提取淀粉，同时富含鞣质，可用来提取栲胶，可做鞣料工业的原料。种子里还含有种子油，是酿造业和工业的重要原材料。根状茎有止咳祛痰作用；也是值得进一步筛选的抗癌植物种类之一。牛尾菜具有较高的艺术观赏价值，在浙江等一些沿海省份已经开始应用。

萱草

Hemerocallis fulva （L.）L.，又名忘忧草

【科属名称】百合科 萱草属

【形态特征】根近肉质，中下部有纺锤状膨大；叶一般较宽；花早上开、晚上凋谢，无香味，橘黄色，内花被裂片下部一般有"∧"形彩斑。花果期5—7月。

【分布与习性】原产于我国，全国各地常见栽培，秦岭以南各地区有野生分布。性强健，耐寒，华北可露地越冬，适应性强，喜湿润也耐旱，喜阳光又耐半荫。对土壤要求不严，但以富含腐殖质、排水良好的湿润土壤为宜。

【水土保持功能】花色鲜艳，栽培容易，且春季萌发早，绿叶成丛，极为美观。园林中多丛植或于花境、路旁栽植，也是理想的林下观赏地被。萱草叶片茂密，能较好较快地覆盖地面，对径流起到有效拦截作用。

麦冬

Ophiopogon japonicus（L. f.）Ker-Gawl.

【科属名称】百合科 沿阶草属

【形态特征】根较粗壮，中间或近末端常膨大成椭圆形或纺锤形的小块根；叶基生成丛，狭线形，长 10～50 厘米；花茎常低于叶丛，短小的总状花序，小花淡紫色。果球形，蓝色，花期 5—8 月，果期 8—9 月。

【分布与习性】分布于我国热带及亚热带地区，我国除东北地区外，大多数地区均有野生，常生于山坡林下及岩石边缘，溪流沟畔也有生长。喜温暖湿润、降雨充沛的气候条件，宜土质疏松、肥沃、排水良好的壤土和砂质壤土。

【水土保持功能】四季常绿，生态适应性广，我国各地资源丰富，阴处、阳地均能生长良好，繁殖容易，是理想的观叶地被植物。可用于街头绿地、公园林下、山石、台阶旁，起到较好的装点防护作用。

【资源利用价值】麦冬是养阴润肺的上品，其块根是中草药，为高效经济植物。

海芋

Alocasia macrorrhiza （L.）Schott

【科属名称】天南星科 海芋属

【形态特征】大型常绿草本植物，具匍匐根茎，有直立的地上茎，叶多数，叶片亚革质，草绿色，箭状卵形，边缘波状，长 50～90 厘米，宽 40～90 厘米；具佛焰苞，浆果红色，卵状，长 8～10 毫米，粗 5～8 毫米，花期四季，但在密阴的林下常不开花。

【分布与习性】生长在海拔 1700 米以下热带雨林及野芭蕉林中。喜高温、潮湿，耐荫，不宜强风吹，不宜强光照，生长十分旺盛。产于我国江西、福建、台湾、湖南、广东、广西、四川、贵州、云南等地。

【水土保持功能】涵养水源，调节湿度，此外还有吸收粉尘、净化空气等功能，应用海芋进行园林绿化，可实现植物造景和保护生态环境的完美结合。株型美、叶形美，容易营造热带雨林风光；生长旺盛，能有效防止水土流失。海芋有毒，应避免直接接触其叶片上渗出的汁液和植株部位（叶、茎等）。

石菖蒲

Acorus tatarinowii

【科属名称】天南星科 菖蒲属

【形态特征】多年生草本植物，其根茎具气味。叶全缘，排成二列，肉穗花序（佛焰花序），花梗绿色，佛焰苞叶状。根茎可入药。多生在山涧水石空隙中或山沟流水砾石间（有时为挺水生长）。花果期2—6月。

【分布与习性】产于黄河以南各地区。常见于海拔 20～2600 米的密林下，生长于湿地或溪旁石上。喜阴湿环境，在郁密度较大的树下也能生长；但不耐阳光暴晒，否则叶片会变黄。不耐干旱，稍耐寒，在长江流域可露地生长。

【水土保持功能】须根发达，植株成丛生状，叶片常绿而具光泽，性强健，能适应湿润特别是较蔽阴的条件，宜在较密的林下做地被植物，是较好的水土保持及园林绿化植物。

石蒜

Lycoris radiata （L'Her.） Herb. ,又名彼岸花

【科属名称】石蒜科 石蒜属

【形态特征】鳞茎近球形，秋季出叶，叶狭带状，长约 15 厘米，宽约 0.5 厘米，顶端钝，深绿色，中间有粉绿色带。花茎高约 30 厘米；伞形花序有花 4～7 朵，花鲜红色；花期 8—9 月，果期 10 月。

【分布与习性】我国原产，广泛分布于长江流域各地的阴湿山坡草丛和岩石缝隙内，近年来被大量移植于各地庭院绿地内。野生品种生长于阴森潮湿地，其着生地为红壤，因此耐寒性强，喜荫，喜湿润，也耐干旱，习惯于偏酸性土壤，以疏松、肥沃的腐殖质土最好。有夏季休眠习性。

【水土保持功能】叶细长葱翠，成片种植于草地边缘或疏林下，是秋冬季理想的景观地被。夏季叶枯萎，但红花怒放，十分艳丽。石蒜适应性强，对土壤要求不严，还能生长于丘陵山区山顶的石缝土层中。

鸢尾

Iris tectorum **Maxim.**

【科属名称】鸢尾科 鸢尾属

【形态特征】根状茎粗短，多节。株高一般 30～60 厘米，叶剑形，长 30～50 厘米，列状排列，宽 2.5～3 厘米。花茎高 30～50 厘米，具 1～2 分枝，每枝着花 1～3 朵，花瓣蓝、紫色，花期 5—6 月。

【分布与习性】原产于我国中部，现云南、四川及江苏、浙江一带均有栽培，生长于海拔 800～1800 米的灌木林缘。

【水土保持功能及应用】鸢尾科植物品种丰富，色彩淡雅，叶片碧绿青翠，花形大而奇，宛若翩翩彩蝶，是庭园中的重要花卉之一，也是优美的盆花、切花和花坛用花。也可组成专类地被园，是难得的地被类群。鸢尾可布置花坛，或做花境栽培，亦可自然点缀于树坛及山石边缘。

菰

Zizania latifolia（Griseb.）**Stapf**，又名茭白、高笋

【科属名称】禾本科 菰属

【形态特征】多年生挺水植物，植株高约1米，基部由于真菌寄生而变肥厚。具匍匐根状茎，须根粗壮，茎基部的节上有不定根；叶片扁平，带状披针形，长30～100厘米，宽3厘米。圆锥花序长30～50厘米，分枝多数簇生。

【分布与习性】分布于我国南北各地，有很强的适应性，在陆地上各种水面的浅水区均能生长。要求光照充足、气候温和、较背风的环境，在肥沃但土层不太深的黏土上生长良好。

【水土保持功能】根系发达，是固堤防浪的好材料，为良好的水保植物，还可用于园林水体的浅水区绿化。

【资源利用价值】经济价值大，秆基嫩茎在真菌寄生后粗大肥嫩，称茭白，是美味的蔬菜。颖果称菰米，可食用，有营养保健价值。全草为优良的饲料，还可为鱼类提供越冬的庇护所，也是固堤的先锋植物。

井栏边草

Pteris multifida **Poir.** ，又名凤尾草、井口边草、铁脚鸡等

【科属名称】凤尾蕨科 凤尾蕨属

【特征与习性】多年生草本，植株高 30～45 厘米，根状茎短而直立，粗 1～1.5 厘米；生于墙壁、井边及石灰岩缝隙或灌丛下，海拔 1000 米以下；喜温暖湿润和半阴环境，在蔽阴、无日光直晒和土壤湿润、肥沃、排水良好处生长最盛，为钙质土指示植物。

【水土保持功能及应用】生境较为广泛，喜湿润环境，又耐干旱，对空气湿度要求不高，对土壤适应性强，在酸性到碱性土壤中均能生长良好，是可开发的水土保持植物。引种成活率高，适应性强，叶丛细柔，秀丽多姿，园林中可露地栽种于阴湿的林缘岩下、石缝或墙根、屋角等处，野趣横生，具有较高的观赏价值；可全草入药。

参 考 文 献

曹展波，雷小林，龚春，等，2016. 江西胡颓子属植物种类与地理分布［J］. 南方林业科学，44（3）：23-27.

陈斌，2016. 龙须藤栽培及园林应用［J］. 中国花卉园艺（2）：51.

陈淮安，2014. 乡土果树南酸枣在城市绿化中的应用［J］. 中国城市林业，12（3）：27-29.

陈永宝，1995. 以杨梅为突破口变水土流失区为经济作物区［J］. 中国水土保持（3）：34-36.

崔丽华，2000. 银杏资源开发现状及其在水土保持中的应用［J］. 水土保持科技情报（1）：53-55.

邓星，2018. 优良的园林观赏植物——罗浮柿［J］. 现代园艺（17）：52-53.

丁向阳，凌晓明，李志，2004. 珍稀果材兼用树种——枳椇资源利用［J］. 河南林业科技（1）：44-45.

范玉田，赵树庭，司德全，1997. 干旱山地君迁子播种造林技术［J］. 林业科技通讯（11）：40.

冯蔚稌，1987. 金樱子［J］. 中国水土保持（9）：45.

傅家祥，刘新宝，2014. 乡土树种猴欢喜应用前景及培育技术［J］. 农村经济与科技，25（11）：49，189.

郭瑞黎，2009. 猴欢喜利用价值及其育苗造林技术［J］. 现代农业科技（5）：60.

郭廷辅，1995. 水土保持经济植物实用开发技术［M］. 郑州：黄河水利出版社.

何长高，刘茂福，张利超，等，2017. 江西省水土流失治理历程及成效［J］. 中国水土保持（8）：10-14.

胡建忠，2016. 全国高效水土保持植物资源配置与开发利用［M］. 北京：中国水利水电出版社.

江西植物志编辑委员会，2004. 江西植物志（第二卷）［M］. 北京：中国科学技术出版社.

江西植物志编辑委员会，2014. 江西植物志（第三卷）［M］. 南昌：江西科学技术出版社.

姜建国，2007. 鱼腥草的开发利用［J］. 特种经济动植物（9）：37-38.

景凤瑞，理华，1985. 一个有发展前途的水保灌木——栀子［J］. 中国水土保持（3）：39.

雷振世，1986. 黄栀子适于在水土流失区种植 [J]. 中国水利 (9)：33.

李建新，付素静，王岚，等，2013. 萼距花的生物学特性及园林应用前景分析 [J].
　现代园艺 (17)：35 - 36.

李美利，1992. 三叶木通 [J]. 中国水土保持 (6)：43.

李晓江，刘建林，余前媛，等，2001. 南烛资源的开发利用（摘要）[J]. 中国野生
　植物资源 (5)：53.

李洋洋，樊吉，张庆国，等，2011. 麦冬与黄花菜在南方丘陵山区坡耕地保育土壤
　作用研究 [J]. 土壤通报，42 (5)：1070 - 1075.

李银春，赵振成，2004. 虎杖 [J]. 特种经济动植物 (7)：25.

梁忠厚，李有清，2018. 黑老虎生物学及其观赏特性研究 [J]. 南华大学学报：自
　然科学版，32 (5)：92 - 96.

刘敬聪，2005. 耐荫与观果皆优的乡土树种：朱砂根 [J]. 广东园林 (3)：36 - 37.

刘军，2016. 果园生草的优良草种——蛇莓 [J]. 江西农业 (23)：73，79.

刘香芬，2010. 优良耐荫地被植物——车前草 [J]. 中国林副特产 (1)：60 - 62.

刘小平，周勇辉，罗素梅，等，2019. 乡土花卉桃金娘种质资源开发应用前景 [J].
　现代园艺 (1)：61 - 62.

罗仲春，2003. 保土佳丽臭牡丹 [J]. 植物杂志 (1)：22 - 23.

潘传梅，2011. 城市不同环境下赤楠种植的适应性探索 [J]. 现代园艺 (13)：131.

邵美妮，李天来，徐树军，等，2006. 牛尾菜的资源利用与研究现状 [J]. 安徽农
　业科学，(12)：2722 - 2723.

石清峰，1994. 太行山主要水土保持植物及其培育 [M]. 北京：中国林业出版社.

田中，王红娟，2009. 优良的地被植物——地菍 [J]. 南方农业（园林花卉版），3
　(6)：22.

王澄方，1997. 种植千秋银杏 促进水土保持 [J]. 中国水土保持 (5)：52 - 55.

王光陆，1994. 刺梨的开发价值利用现状与展望 [J]. 陕西林业科技 (4)：56 -
　58，48.

王洁，张边江，2015. 乌饭树的开发与应用研究进展 [J]. 现代农业科技 (14)：
　171 - 172.

王宗训，1989. 中国资源植物利用手册 [M]. 北京：中国科技出版社.

吴宝成，刘启新，2012. 鸭儿芹的综合利用及其栽培与繁殖技术 [J]. 中国野生植
　物资源，31 (4)：67 - 72.

萧运峰，1999. 野生草坪植物——天胡荽的研究 [J]. 四川草原 (4)：30 - 33.

谢清芳，王均明，刘志福，1990. 火棘 [J]. 中国水土保持 (3)：40 - 41.

徐祥隆，1985. 水土保持优良树种——木荷 [J]. 中国水土保持 (8)：39.

许方宏，张倩媚，王俊，等，2009. 圆齿野鸦椿 Euscaphis konishii Hayata 的生态生
　物学特性 [J]. 生态环境学报，18 (1)：306 - 309.

闫景彩，2009. 地菍护坡性能及开发价值研究 ［D］. 北京：北京林业大学.

张光灿，胡海波，王树森，2011. 水土保持植物 ［M］. 北京：中国林业出版社.

张利超，葛佩琳，谢颂华，等，2018. 江西省小流域治理林草工程设计标准探讨 ［J］.
水土保持应用技术 （5）：21 - 24.

张利超，王农，2015. 江西省水土保持现状分析及防治对策研究 ［J］. 水土保持应
用技术 （6）：42 - 46.

张利超，谢颂华，2016. 江西省水土流失重点防治区的复核和划分 ［J］. 水土保持
通报，36 （1）：230 - 235.

张利超，2016. 江西省水土保持区划及防治布局研究 ［J］. 中国水土保持 （2）：36 - 41.

张晓梅，2011. 野生植物资源积雪草的开发利用 ［J］. 中国园艺文摘，27 （11）：55 - 56.

赵方莹，2007. 水土保持植物 ［M］. 北京：中国林业出版社.

赵晓斌，李灵会，田卫斌，等，2013. 优良的多功能树种——盐肤木的栽培技术 ［J］.
现代园艺 （16）：58 - 59.

周守标，朱胜东，余大芹，等，1998. 草坪新秀——积雪草 ［J］. 植物杂志 （2）：19.